冶金工业出版社

普通高等教育"十四五"规划教材

现代表面镀覆科学与技术基础

孟　昭　　杨庆浩　　耿若愚　编著

U0352908

北　京

冶　金　工　业　出　版　社

2022

内 容 提 要

　　本书系统地阐述了各种表面工程技术的基础理论及最新技术知识。全书共分7章，分别为镀覆的作用和历史沿革、各种镀覆及镀层的性质和用途、各种功能的镀层、施镀操作工艺、镀层检验方法、镀覆的环境保护及操作安全、镀覆技术基础知识汇总。从传统的表面处理理论与技术出发，详细地阐述了现代各种表面技术的最新研究和成果，着重以最简洁的语言向读者介绍基本概念、基本理论和新理论及新技术与工艺，力求通俗易懂，图文并茂。

　　本书可作为高等院校材料科学、材料工程、材料物理、材料化学等专业的本科生和研究生的教材，也可供相关专业的师生和从事产品设计、工艺制定、设备维修、质量管理、技术管理等工作的工程技术人员阅读和参考。

图书在版编目(CIP)数据

　　现代表面镀覆科学与技术基础/孟昭，杨庆浩，耿若愚编著. —北京：冶金工业出版社，2022.1
　　普通高等教育"十四五"规划教材
　　ISBN 978-7-5024-8802-4

　　Ⅰ.①现…　Ⅱ.①孟…　②杨…　③耿…　Ⅲ.①电镀—基本知识　Ⅳ.①TQ153

　　中国版本图书馆 CIP 数据核字(2021)第 069604 号

现代表面镀覆科学与技术基础

出版发行	冶金工业出版社	**电　话**	(010)64027926
地　址	北京市东城区嵩祝院北巷 39 号	**邮　编**	100009
网　址	www. mip1953. com	**电子信箱**	service@ mip1953. com

责任编辑　夏小雪　美术编辑　彭子赫　版式设计　禹　蕊
责任校对　郑　娟　责任印制　李玉山
三河市双峰印刷装订有限公司印刷
2022 年 1 月第 1 版，2022 年 1 月第 1 次印刷
710mm×1000mm　1/16；14.25 印张；277 千字；213 页
定价 60.00 元

投稿电话　(010)64027932　投稿信箱　tougao@cnmip.com.cn
营销中心电话　(010)64044283
冶金工业出版社天猫旗舰店　yjgycbs.tmall.com
(本书如有印装质量问题，本社营销中心负责退换)

前　言

表面工程起源于远古时代的"镀金"技术。现代表面工程业已成为提高机械零件、电子电器元件基体材料表面性能的一门综合性的交叉学科。按照其用途进行分类，表面工程可分为装饰性、防腐性和功能性镀覆三大类型。

除金属外，目前在塑料和陶瓷表面已经可以进行表面镀覆。汽车徽标的表面镀铬以及散热器上的塑料格栅就属于典型的装饰性镀覆。

钢铁是目前应用最为广泛的结构材料，但其抵抗大气腐蚀性能极差。钢铁材料表面镀锌可延长其使用寿命数十倍。钢板镀锌就属于典型的防腐性镀覆。机械零件以及工具表面往往需要采用硬质铬镀层或化学镀镍来提高其表面的耐磨性，另外电脑和手机等IT设备中的电子产品，也需要镀金、钯、锡、铜、镍等来提高其耐蚀性、电导性、钎焊性以及黏结性等性能。表面工程业已成为IC芯片制造和组装的必备工艺之一，这些镀覆就属于典型的功能性镀覆。

表面工程技术业已广泛深入到人类生活的各个方面，是现代制造技术的重要组成部分和维修与再制造的一个基本手段。表面工程将会成为未来工业发展的关键技术之一。

目前市面上关于表面工程技术方面的专业书籍较多，但主要都是以行业专家们撰写的技术丛书为主，对于一般的工程技术人员、管理人员和大中专学生来说很难深入阅读和理解。

　　本书立足于通俗易懂、图文并茂，希望将表面工程的相关基础知识以最全面及系统的方式展现给大家。

　　作者长期从事现代表面工程相关技术的教学与研究工作。本书由西安科技大学孟昭博士担任主编，杨庆浩博士担任副主编。世界500强中国正威集团陕西森威纳米新材料科技有限公司副总裁耿若愚高工承担整书的技术工艺审核及相关指导。西安工程大学新媒体艺术学院戴天天同学帮助完成本书的插图。

　　在本书的撰写工作中，各位参与人员参阅了大量的相关文献，力求理论与实践相结合，既阐述了现代表面镀覆技术的基本原理和关键工艺，又列举了大量的最新应用实例，不但可作为研究生及大学生的专业教材，同时又会对实际生产具有直接的指导作用。

　　对于学习中的各大中专学生、即将进入材料表面工程行业的技术人员、正在从事相关镀覆操作的工人、业已活跃在镀覆领域并想获得再次提高的技术人员以及需要基本表面工程知识以制定更加合理的管理和业务决策的管理人员，作者希望本书均能够给予他们最大的帮助。

　　由于作者水平有限，书中不当之处在所难免，敬请广大读者批评指正。

作　者

2022 年 1 月

目　　录

1 镀覆的作用和历史沿革

1.1 概述

"表面镀覆"是指在传统电镀技术的基础上，综合采用各种物理、化学、机械等工艺手法在零件表面或者其局部表面沉积一层或多层金属覆盖层，从而赋予其全新的特殊表面功能的施工技术。

"表面镀覆"技术琳琅满目，但在日常生活中，最为我们大家所熟知的就是电镀。而一提到电镀，往往会给我们一种非常廉价的印象，那不是"造假"吗？

例如，我们在商店里看到如图 1-1 所示的这类非常漂亮、感觉应该非常昂贵的首饰品。但一看标价，怎么这么便宜？刚才的高大上的感觉是不是立马踪影全无？这就是电镀给我们带来的廉价品形象。实际上这件漂亮的首饰仅仅是表面镀覆了一层薄薄的贵金属而已。

图 1-1　镀金装饰品例

还有，在新闻或网络上经常露面的某些风度翩翩、广闻博识而受人尊敬的某些大 V 或风云人物，假如有一天突然被报道，发现其是一个学历造假或者是一名伪君子，完全不是我们平常看到的那样。我们就会用一句"金玉其外，败絮其中"或用"揭开其表面伪装"来描述这个人。

以上就是我们内心自然而然地将"电镀"与"造假"相等同的典型例子。

但是，电镀真的是在造假吗？

1.1.1 "镀覆"是人类发明的一项最了不起的技术之一

　　还是以刚才所述的那件首饰品为例，例如某种材料非常适合于制作形状精美的首饰，但其表面却缺乏美丽的金属光泽，而仅仅采用这种金属无法制作成人人喜欢的漂亮饰品。但是如果在其表面镀金的话，不但能制造出精美无比的造型，而且还会有金光闪闪的美丽外表，原先那种金属材料天生的不足就会被克服。换而言之，不削减原材料的特点，再赋予其新的优质特性，使之价值倍增！这就是镀覆的一个重要价值。现在的镀覆技术，不但镀层的耐久性优异，而且附着性极强。

　　钢铁材料就是一种具有优异性能的经典金属材料，但其极易被大气腐蚀而生锈。如果在其表面上镀覆一层厚度仅数微米的锌层或铬层的话，就能获得一种全新的耐腐蚀钢铁新材料（如图 1-2 所示）。

　　表面镀覆不仅仅限于金属，对任何材料均可以施镀。如在汽车上广泛使用的电镀塑料，将金属铬施镀于采用抛光的模具模制出的塑料上时，会生产出同时具有镜面金属光泽和塑料特性兼容的部件（如图 1-3 所示）。

图 1-2　镀铬处理的钢铁零件

图 1-3　塑料镀铬法兰和塑料镀金汽车标志

　　表面镀覆的作用可大致归类如下：

　　（1）可赋予材料特定的化学特性，如耐酸、耐碱、耐表面液体腐蚀以及抗高温氧化等。

　　（2）提高零件表面的硬度、耐磨性、减摩性、抗疲劳性能等。

（3）赋予材料特殊的物理性能，如导电、半导体、绝缘、超导、热传导、热障等性能。

（4）赋予材料声、光、磁、电转换，以及亲油、亲水、可焊性、黏着、传感及记忆等功能。

（5）赋予材料表面特殊的装饰性能，如颜色、图文以及非金属材料表面的金属化、光亮化、抗老化等性能。

作为表面工程和再制造工程的重要组成部分，现代表面镀覆技术已经在国民经济建设中发挥出了重要作用。目前已成为产品生产制造的一种重要技术，其不但是保证产品质量的基础工艺，同时也是优质、高效、节能、节材、环保和提高经济效益的有效手段。除此之外，表面镀覆技术也为高新技术的发展提供了材料基础和技术基础。

1.1.2　镀覆是一种既古老又崭新的技术

镀覆技术在人类发现电以前的远古时代就被发明出来并获得了应用，这就是著名的"鎏金"技术。

就像我们所见到的奈良鎏金大佛那样（如图 1-4 所示），鎏金技术是一门古老的技术。在公元前 16 世纪（距今约 3500 年前）的美索不达米亚北部（现在的伊拉克），就已经有了在铁器上镀锡的技术。该技术后来传播到埃及周边，最远传播到了中国。

在我国，金汞鎏金工艺最早可以追溯到战国之前，这从已出土的文物上可以得到证实，中国人在战国时期就已经掌握了熟练的金汞鎏金工艺。但该工艺出现的文字记录较晚，大约出现在梁代。

图 1-4　日本奈良鎏金大佛

大约三世纪中叶至六世纪末，该技术从中国传到了日本，这可以从日本大量出土的鎏金青铜文物中获得证实。

在科技发达的今天，传统的鎏金工艺已被现代电镀、化学镀等技术所替代。目前会使用传统金汞鎏金工艺的工匠业已屈指可数。

电镀来自于"镀金"。"镀"是"涂"的异体字，最初是指在器物的表面镀覆上一层薄薄的金子或者金色的物质。后来，人们亦用"镀金"来比喻某人到某种环境中去深造或锻炼只是为了取得功名的意思。

据说"镀金"二字的由来如下，唐代白居易《西凉伎诗》云："刻木为头丝作尾，金镀眼睛银贴齿"。"金镀"描写艺伎化妆的情景。后有钱塘诗人章孝标几次考进士不中，大雪天出游解闷。后来，章孝标经淮东节度使李绅劝说后，十年磨砺，终于考中进士。他欣然命笔作诗："及第全胜十改官，金汤镀了出长安。马头渐入扬州郭，为报时人洗眼看。"他把这首洋洋得意的诗寄给了李绅。李绅从诗中看到了章孝标小取即满、傲气十足的肚量和气派，很想教育他一番，于是作诗《答章孝标》："假金只用真金镀，若是真金不镀金。十载长安得一第，何须空腹用高心。"按现在的话解释是："一个人如果有真才实学的话，不需要依靠外在的名位去装饰，就如同假货才需要镀金一样。高中进士在唐代是一件令读书人感到荣耀的大事，但是从成才的角度看，这仅仅是为其增添了外在的装饰，并不能对个人的品德、学问、才识有何损益。一个人的品德才学如果有所欠缺，即使通体流光溢彩，内在仍然是空空如也。后句提醒章孝标不要忘记了困顿长安场屋十年的经历，要牢记当年遭受的艰难，因为中进士只是官场仕途的开始，今后的发展茫然无知，难以预料，所以千万不要得意忘形，一定要谦虚谨慎。"章孝标一见此诗，大为羞愧。

此诗的哲理性是通过"真金""假金"的对比凸显出来的，它涉及了外观与内涵、表象与本质的问题。

1.1.3 革命性的"电镀法"——电镀技术的登场与日本的应用推广

镀金技术在很长一段时间内一直只有鎏金和利用原子或分子的电极电位差的置换法化学镀这两种技术。直到1800年意大利伏特电池的发明，使得人类可以利用稳定的电能，这才导致了电镀法的正式登场。最早开发出商业性电镀法技术的是1840年的英国人埃尔金顿。

在日本，1855年萨摩藩（现在的鹿儿岛县）的藩主岛津齐彬在甲胄上镀金或镀银，被公认是日本最早的电镀案例。进入明治时代，电镀技术获得了进一步的发展，1892年有一位叫宫川由多加的工程师首先开设了日本第一家镀镍工厂。从此以后，电镀技术获得了飞速的发展。二战结束后，随着在非金属塑料和陶瓷表面上的电镀技术业不断获得完善，电镀的应用范围获得了极大地扩展。

1.2 眼花缭乱的各种镀覆技术

可以利用镀覆技术的物品其实非常丰富。以下介绍其中一些实际案例。

也许我们一般人会对电镀的广泛应用而感到吃惊。实际上镀覆所覆盖的范围可能比你想象的要更加广泛。

（1）耐腐蚀镀覆。就像文字表述的那样，在基材表面上电镀一层耐腐蚀的镀层。这是目前应用最广的镀覆技术，其主要目的是为了防止钢铁材料的腐蚀。而耐腐蚀镀覆大半是镀锌（镀锌板），除此之外还有镀锡（马口铁）和镀镍等。

（2）装饰性镀覆。装饰性镀覆也是镀覆的一个重要应用内容。除了首饰与装饰物品之外，我们家庭中使用的各种各样的生活用品以及汽车等工业产品都离不开装饰性电镀。装饰品的电镀中最有名的就是镀金或镀银，但装饰电镀中应用最广泛的却是镀铬。

（3）提高耐磨损性能的电镀。采用镀铬的装饰性电镀中，其镀铬层还具有硬度极高、耐磨损性优异这些特性。因此，镀铬技术（硬质铬电镀）还被广泛应用于各种工业零件的电镀中。特别是汽车、摩托车以及航空部件中被广泛使用。

（4）赋予电气特性的电镀。为了使多层印刷电路的基板具有导电性以便于半导体元件的装配，或者为了使高密度记忆媒体具有磁性，以及为了防止高频电磁波干扰的电磁屏蔽等要求，可以分别采用各种各样的特殊电镀镀层来解决。

（5）赋予光、热特性的电镀。为了提高部件的耐热性，可采用镍、钨、铬等进行表面镀覆；为提高热传导或放热性、光热反射性，可采用电镀铜或银；为提高吸光热性能可采用的黑色镀铬等方法。

（6）塑料、陶瓷等表面上的镀覆。伴随着镍、铜等无电解镀覆（化学镀）技术的开发与完善，使得对金属基体以外的非导电材料（塑料、陶瓷）上的镀覆成为了可能。这使得汽车零件在耐候性、耐膨胀性、耐收缩性等方面获得了提高。作为半导体、印刷电路基板制造的基础技术，其支撑了电子产业的发展。而塑料表面的电镀技术也极大地降低了免研磨产品部件的生产成本。

1.3 可以用于镀覆的材料

上一节我们按照镀覆的目的进行了分类。如果按照镀覆层材料进行分类，可以分为单金属镀覆、合金镀覆和复合镀这三大类。

1.3.1 单金属镀覆

（1）镀铜：镀铜层非常容易研磨并且其曾经主要的应用目的是作为预镀层使用。目前被广泛用于印刷电路板等电子产品领域。

（2）镀镍：镀镍层具有优异的耐腐蚀性和力学性能。除了用于防腐蚀以外，也多用于镀铬、镀金、镀银等装饰性施镀的预镀层。

（3）镀铬：由于抵抗大气腐蚀性强，同时可长期保持金属光泽，因而被广泛用于装饰性电镀。由于其抵抗大气腐蚀性强，而且该镀层硬度高、耐磨损性优异，因此在机械零件的传动部件中也被广泛使用。

（4）镀锌：这是重要的钢铁防锈镀层技术。由于钢铁材料每年的腐蚀速度约为 $1\mu m$，只要镀覆上厚度约 $20\mu m$ 的锌层，即可保证 20 年耐大气的腐蚀。另外，由于锌的化学活性优于铁，因此即使零件表面镀层受到损伤，周围的锌也可优先被腐蚀，因而可有效保护钢铁基体免受镀层损伤所带来的外界腐蚀。

（5）镀金、镀银：金镀层因不会失去美丽的光泽而被广泛用于装饰品。目前由于其还具有低电阻和耐久性优异等特点，因而又被广泛应用于电子产品的镀覆。银镀层除了装饰以外，还具有导电性、润滑性以及抗菌性等特点，因而也获得了广泛的应用。

1.3.2　合金镀覆

（1）耐腐蚀合金镀层：锌-镍合金和锌-铁合金镀层，具有比纯锌镀层更加优异的耐腐蚀性，在汽车工业被广泛应用。

（2）装饰用合金镀层：纯金镀层极易磨损，因而实际上多采用与铜、镍等进行合金镀覆。锡钴合金和锡镍合金镀层具有优异的光泽和耐腐蚀性。

（3）耐磨损合金镀层：镍钨合金（Ni-W）镀层具有优异的耐热和耐磨损性能，被广泛用于玻璃容器成型模具的表面镀层。

1.3.3　复合镀

复合镀是将固体微粒加入并悬浮在镀液中与金属或合金共沉积，形成一种金属基的表面复合材料镀层，以满足其特殊的应用需求。固体微颗粒可以采用耐磨损性能优异的氧化铝（Al_2O_3）、碳化硅（SiC）或人造钻石等，也可以是润滑性能优异的聚四氟乙烯粉末颗粒。

表 1-1 为镀层材料种类及其主要特性。

表 1-1　镀层材料种类和主要特性

镀层材料	适用基体	预镀层	使用目的
铜	钢铁、锌、铝合金等	多不采用预镀层	预镀层（含研磨）、导电性、热扩散、电铸、耐腐蚀、防渗碳、提高钎焊性能、抗菌等
镍	钢铁、铜、锌、铝合金等	铜或无预镀层	装饰、耐腐蚀、预镀（含防扩散）、耐磨损、耐热、钎焊性能、堆焊、电铸等
铬	钢铁、铜、锌、铝合金等	铜、镍或无预镀层	装饰、耐磨、耐腐蚀、堆焊等
锌	钢铁、铸铁（酸性镀锌）	无	耐腐蚀、润滑等
镉	钢铁、铸铁、铜合金	无	耐腐蚀、润滑、防震、压焊、钎焊、导电、防擦伤、防电腐蚀、降低氢脆腐蚀等

镀层材料	适用基体	预镀层	使用目的
锡	钢铁、铸铁、铜合金	铜或无预镀层	耐腐蚀、装饰、润滑、钎焊、导电、食品卫生、压接等
锡-铅	钢铁、铜、锌合金	铜或无预镀层	耐腐蚀、钎焊、润滑、热压焊等
银	钢铁、铜、锌合金、不锈钢等	铜、镍或无预镀层	装饰、耐腐蚀、导电、润滑、热扩散、抗菌、热压接、钎焊性能、食品卫生等
金	各种材料、不锈钢	铜、镍	装饰、耐腐蚀、导电、热压焊、食品卫生、降低接触电阻等
铅	钢铁、铸铁、铜合金	铜或无预镀层	耐腐蚀、润滑、防震、耐辐射、密封等
铁	钢铁、铜合金、铝	铜或无预镀层	耐磨损、堆焊、钎焊等
黄铜	钢铁、铜合金	铜、镍或无预镀层	装饰、耐腐蚀（预镀用）、提高与橡胶的连接性
化学镀镍	包含非导电性材料的各种基体	铜、镍	装饰、耐腐蚀、耐磨损、磁性能、导电性、钎焊、锡焊等
复合镀（Ni-SiC 等）	钢铁、铜、锌、铝合金等	铜、镍或无预镀层	耐磨损、润滑性、连接性、抗菌性、疏水性等

注：根据金属的特性和使用场合可采用各种各样金属镀层。另外，单金属镀层中使用最广的是铜、镍、铬、锌、锡、金和银。

1.4 镀层不一定只有一层

1.4.1 电镀前做一次底层电镀——预镀

上节表 1-1 中我们引出了"预镀"这个词汇。就像文字所描述的那样，就是在进行主要施镀前所实施的在基体上打基础的预备镀层。

以镀铬为例，镀铬被广泛应用于装饰品表面。但其有一个致命缺点，那就是其表面极易产生裂纹。如果在钢铁表面直接镀铬，铬层本身虽然不会生锈，但由于铬层较薄，从裂缝渗入的水分和氧气会侵入基体表面，带来内部腐蚀的风险。因此，我们首先必须先进行预镀（一般采用镀镍），再在镍层表面上镀铬。

也就是说，施镀不一定只实施一次，也有采用不同的金属进行数次电镀的操作。从结构上来看，镀层不仅仅是一层，而有很多是两层或三层。

1.4.2 镀层结构分类——单层、双层、多层镀层的特征

单一金属镀层我们称之为单层镀层，多种金属按照不同顺序所构成的镀层我

们称之为多层镀层。由于多层镀层的各层承担着不同的作用，因此各层的厚度也有所不同，如图 1-5 所示。

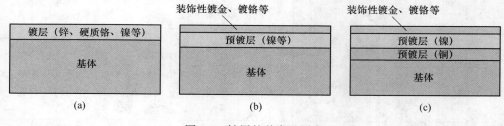

图 1-5　镀层的种类及厚度

（a）单层镀覆；（b）双层镀覆；（c）多层镀覆

（1）单层电镀。钢铁材料基体上镀锌、镀锡、镀镍、镀硬质铬。镀硬质铬是充分利用铬的硬度在机械摩擦表面上的施镀，其比装饰性镀铬的镀层要厚（5~100μm）。镀锌层的厚度一般为 3~20μm。

（2）双层电镀。将耐腐蚀性和力学性能优异的镍作为预镀层，在其上再施以镀铬或镀金等耐大气腐蚀的金属。装饰性铬层的厚度为 0.1~0.3μm，金层的厚度为 0.1μm 左右，高级镀金的厚度也可达到数微米。预镀镀层的厚度根据使用环境可有所变化，室内用品一般为数微米左右。

（3）多层电镀。预镀施以镀铜和镀镍，最终在其表面再施以装饰性镀铬的电镀。铜层和镍层非常适合于装饰性电镀。耐腐蚀层主要由镍层承担，其厚度为 5~20μm（根据环境要求有所变化）。

1.5　镀覆的具体方法

按照操作方法来分，镀覆工艺可分为干式镀覆法和湿式镀覆法两大类。

镀覆的方法多种多样，目前还在不断地开发出新的施工方法。但总的来说，镀覆工艺可分为采用药液、利用化学反应生成镀层的湿式镀覆法和不使用药液、利用物理方法生成镀层的干式镀覆法两大类。而最常用的湿式镀覆法为电镀和化学镀。镀覆工艺的分类如图 1-6 所示。

1.5.1　湿式镀覆法

（1）电镀：这是目前湿式镀覆法中最主要的施工方法，是一种特殊电化学加工方法的简称。作为一种生产工艺，电镀加工与其他机械加工一样，是现代工业中最常见的一种加工方法。

电镀法是利用电化学反应，将电镀液中的金属离子在工件（阴极）表面电还原成金属薄层。例如在镀镍时，在含有镍离子的镀液中，将金属镍设置为阳极，施镀工件设置为阴极并通以直流电流，则阳极上的金属镍被镀液溶解变成镍离子，而在阴极（工件）表面的镍离子获得电子，并在工件基体表面上被还原形成金属镍镀层。

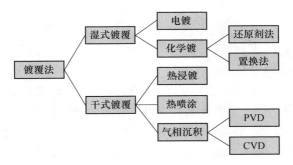

图1-6　镀覆方法及工艺分类

图1-7为电镀镍的原理示意图。从图中可以看出，作为阳极的金属镍失去电子，成为镍离子（$Ni \rightarrow Ni^{2+}+2e^{-}$），溶液中的镍离子在阴极（工件）表面获得电子，而被还原成金属镍（$Ni^{2+}+2e^{-} \rightarrow Ni$），形成致密牢固的镀镍层。

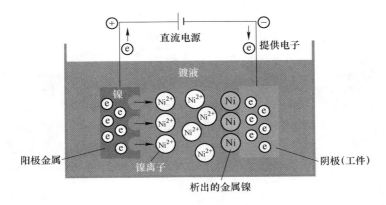

图1-7　电镀镍原理图

（2）化学镀：化学镀又称为"无电解镀"，即在无外界电流流动的情况下，利用还原剂将电解质溶液中的金属离子还原在经过活性催化的材料表面，沉积出与基体表面牢固结合的金属镀层。基体材料可以是金属，也可以是非金属。镀覆层材料主要是单金属或合金，最常见的是 Ni 和 Cu。

应用元素离子化趋势（电极电位）差异的置换方法早已为人们所熟知（如将铁块放入硫酸铜水溶液中，铁离子溶出，置换出铜离子形成金属铜薄膜），但是其缺点是获得的这种置换膜非常薄。为了克服该缺点，现在普遍采用还原剂的自催化化学镀技术，施镀金属受到还原剂的催化而被氧化（失去电子），促使金属离子被溶出。甲醛等还原剂和次亚磷酸盐的使用分别导致了化学镀铜和化学镀镍的普及。

1.5.2　干式镀覆法

（1）热浸镀：将钢材等浸入到熔融金属（锡、锌、铝等低熔点金属）中，可短时间内获得较厚的涂层。

（2）热喷涂：采用压缩空气将熔融金属以微颗粒形态喷射到被涂覆的基体表面形成涂层。不光可热喷涂金属，也可以热喷涂陶瓷材料。

（3）气相沉积：分为物理气相沉积（PVD）和化学气相沉积（CVD）两类。

1）PVD：PVD 是 physical vapor deposition 的简称，是指利用物理过程实现物质转移，将靶材料（如图 1-8 所示）的原子或分子转移到基材表面上的过程。它的作用是使某些具有特殊性能（强度高、耐磨性、散热性、耐腐性等）的微粒镀覆在母体上，使得母体获得更好或者新的性能。PVD 基本方法有真空蒸发、溅射、离子镀（空心阴极离子镀、热阴极离子镀、电弧离子镀、活性反应离子镀、射频离子镀、直流放电离子镀）等。

Ti99.995% ϕ76.2mm×5mm

Fe 99.95% ϕ50mm×1mm
绑定2mm铜背靶

MoC 99.5% ϕ50mm×3mm
绑定2mm铜背靶

Hf 99.95%　75mm×50mm×3mm

AZO 99.99% ϕ60mm×4mm

TiN99.5%　ϕ76.2mm×3mm
绑定1mm铜背靶

图 1-8　各种溅射靶材图例

2）CVD：CVD 是 chemical vapor deposition 的简称，是指高温下的气相反应，例如，将金属卤化物、有机金属、碳氢化合物等进行热分解，再利用氢气还原或使其混合气体在高温下发生化学反应以析出金属、氧化物、碳化物等无机材料的方法。例如在四氯化钛蒸汽和水的混合气体中将被涂覆材料加热，则材料表面就会形成金属钛薄膜。这种技术最初是作为涂层的手段而开发的，目前已扩展到高纯度金属的精制、粉末合成、半导体薄膜等方面。

1.6 镀覆技术与健康和环境的关系

镀覆工艺特别是湿式镀覆法在生产过程中，会对环境造成巨大的污染。其主要污染源是排出含有大量各种污染物质的工业污水，如重金属离子、氰化物、络合剂、表面活性剂、有机物、清洗剂等。

1.6.1 日本奈良短命的都城平城京是由于大佛的原因吗？大佛建造与环境污染

镀覆技术是一种能给人类带来巨大益处的技术，但是就像光和阴影相伴相随一样，镀覆技术也不仅仅只有其光鲜的一面，这里我们先来说说其对环境所造成的污染问题。

平城京是日本历史上第一座具有真正意义的城市。大量住宅和寺庙的建设以及人口增长都需要大量的木材。由于木质建筑频频毁于火灾，这又造成了对森林的掠夺性开发，日本皇权的衰败部分应归因于对环境的破坏。

前文我们提到了奈良大佛采用的是汞齐法进行鎏金。汞（Hg）与其他金属的合金被称之为汞齐（amalgam）。古老的奈良大佛上的鎏金使用的就是这种材料。金溶解在水银中形成汞齐（金汞合金），将其涂抹在大佛身上，加热使水银蒸发后即可获得金光闪闪的金佛。根据当时的文献资料可知，在大佛修建的时候，操作匠人们之间突然流行了一种奇怪的疾病，现在我们知道这是加热金汞合金时所产生的汞蒸气被匠人们吸收所导致的中毒。大佛建造花费了5年时间，使用的水银总量超过了50t。目前的许多研究学者认为汞污染也是导致平城京只延续了短短74年的一个重要原因。

1.6.2 电镀产业的发展与环境污染成正比，第二次世界大战后不断增加的电镀污染问题

由于电镀生产过程是利用电化学反应，因此会使用各种各样的化学药品。特别是湿式电镀，由于电镀液中使用了大量的含有重金属的高毒性药品，因此在操作过程中必须十分注意。

1973年，日本著名的漫画家（つげ義春）曾出版过一部著名短篇漫画叫《大场电气镀金工业所》（如图1-9所示），描写的是日本在战后恢复时期，一家小金属电镀厂中一位受肺部感染和被硫酸严重烧伤员工的故事（作者曾经在电镀厂工作过）。实际上，日本在经济快速恢复时期，镀铬所使用的六价铬化合物所导致的工人健康受损和土壤污染，以及镀锌、镀金、镀银等所使用的氰化物被泄漏到河流造成的污染经常被报道，这些事件给电镀产业造成了极大的负面影响。作为电镀业者，必须充分认识到电镀对健康与环境的关系，具有充分的相关预防知识。

图 1-9 短篇漫画《大场电气镀金工业所》

1.6.3 电镀的历史就是"环保技术"的开发史，让镀覆技术与健康和环境和谐共存

镀覆技术从业者们一直在积极努力地解决着镀覆对健康与环境的危害问题。据说当年在建造大佛的时候，当时在一线指挥的国中公麻吕佛师就看破了怪病来源于汞蒸气，命令大家佩戴我们现在称之为的"防毒面具"。现代的电镀工厂，除了操作工人的健康保护外，还实施着极其严格的污水处理和排放标准，对废液的循环再利用技术也在不断地研究开发中。在这方面，日本技术处于世界的领先地位。

图 1-10 为含有氰化物工业污水的处理方法图。氰化物是含有氰离子（CN^-）化合物的总称，以氰化钾（KCN）和氰化钠（NaCN）这些剧毒物质为代表。其与金属铁（Fe）具有极强的结合能力，一旦氰化物进入人体，其会与红细胞中的血红蛋白（含有铁）迅速结合，抑制向细胞的氧气供应，导致生物死亡。因

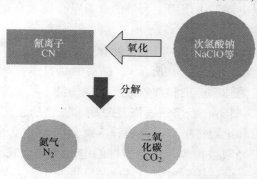

图 1-10 氰化物工业污水的处理方法

此，含有氰化物的废液，需要添加次氯酸钠（NaClO）等将其氧化，分解变成无害的氮气（N_2）和二氧化碳（CO_2）。

图 1-11 为含有六价铬化合物工业污水的处理方法图。六价铬是含有六价铬离子（Cr^{6+}）化合物的总称，三氧化铬（CrO_3）等在电镀铬生产中被广泛使用，而这是自然界中几乎不存在的人造物质（自然界原本仅存在三价铬），由于其对有机物具有强烈的氧化能力（夺取电子成为稳定的三价铬），因此对人体产生强烈的毒性。其基本处理方法为，添加硫酸氢钠（$NaHSO_4$）等物质将其还原成无害的三价铬。

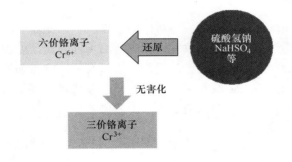

图 1-11　六价铬化合物工业污水的处理方法

另外，不使用氰化合物、六价铬化合物以及铅等强毒性物质的新型电镀技术也正在实用化中，如表 1-2 所示。

表 1-2　环境友好的镀覆替代技术例

镀覆方法	替代技术例	主要特点
镀锌	复合镀浴（辛迪加浴）	含有氰化物的镀液虽然施镀效率和品质俱佳，但由于氰化物剧毒，现在开始使用不含氰化物，而以氢氧化钠（NaOH）为主成分的镀液
化学转化膜处理	三价铬转化膜处理	这是替代六价铬化合物的典型替代技术，将三价铬盐沉积在经过化学处理的锌表面上形成薄膜
钎焊	无铅钎焊	电路中曾广泛使用铅-锡焊，由于环保限制，现在正在开发无铅钎焊替代合金，如锡-银合金、锡-铜合金和锡-铋合金等

关于镀覆施工中所涉及的环保相关内容，我们将在后章中详述。

知识栏

镀覆技术是不同领域各种科学知识的集大成技术

湿式镀覆是一门实用性极强的应用科学，又是一门交叉学科。除了电化学外，还要求从事电镀技术开发的人员对有机化学、络合物化学、分析化学、电工学、物质结构、金属学、机械工学等都要有所了解。

金属材料基础知识

镀覆是在金属基体表面镀覆一层薄薄的金属层，因此需要掌握钢铁等基体材料知识。例如，为了保证电镀的致密性而进行的工件表面预处理的脱脂工艺以及去除表面氧化膜的酸洗处理工艺等。钢铁基体材料可以放在强酸或强碱中，但金属铝和锌则会受到强酸或强碱的腐蚀。另外，电镀缺陷很多是由于基体材质所造成的。因此，掌握相关材料知识是必不可少的要求。

化学基础知识

湿式镀覆需要采用各种溶液进行各种各样的化学反应。除了电镀液，还需要使用如预处理用的脱脂液、酸、碱、表面活性剂、螯合剂等各种溶液，以及去除工件（基体）表面氧化膜所使用的盐酸。因此需要掌握电镀中这些药品的特性、酸和碱、中和反应、氧化还原反应等必要的化学技术知识。

电化学基础知识

要理解镀覆操作，需要掌握金属电离与电镀金属的关系，电镀金属溶解析出速度的法拉第法则等基础知识。

电工学基础知识

（1）欧姆定律：电流与电压成正比，与电阻成反比。这在电路检修以及电镀操作中出现电流异常检查时会起到意想不到的作用。

（2）焦耳定律：导线的阻抗与电流（I）所产生的热量（Q）之间的关系，可通过电镀槽的电流值与配线的铜导线截面积进行计算，通过通电量和时间预测电镀液的温度上升程度。

机械工学知识

电镀装置和卡具的设计、制作和修理等需要机械工学方面的知识。另外，自动化电镀装置也需要具备各种材料、电气、自动控制方面的知识。

2 各种镀覆及镀层的性质与用途

2.1 镀覆表面的分类与特征

2.1.1 界面与表面

　　界面是指固体、液体、气体中任意两种不同相的交界面。表面则是指固体与真空或气体之间的界面。固液界面的固体一侧也多称为表面。实际使用中多为固液或固气界面（表面）。

　　表面是指固体表层一个或数个原子层的区域。由于表面上的金属粒子（分子或原子）没有与之相结合的同类相邻粒子，因此处于较高的能量状态。图 2-1（a）为金属表面原子尺寸（$10^{-10} \sim 10^{-9}$ m）示意图，除具有 1~数个原子层的段差（扭折、段差）外，还存在空穴、吸附原子和分子等各种表面结构缺陷。界面原子与环境中的其他原子、原子团、分子、离子等均会发生相互作用来降低其界面能，导致界面的物理化学性质与固体内部明显不同。界面还会因与环境中不同的物质、温度、湿度等相接触而引起不同的结构或性质的变化。材料界面各种尺寸（$10^{-6} \sim 10^{-3}$ m）的缺陷是腐蚀的源头。与晶粒尺寸大小相近的非均匀物质（如图 2-1（b）所示）对腐蚀的影响极大。多晶材料的失效大多起源于晶界、非金属夹杂或析出物。

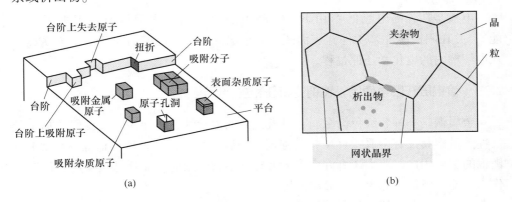

图 2-1　界面是各种缺陷（非均匀性）的集中场所

（a）金属表面原子尺寸（$10^{-10} \sim 10^{-9}$ m）；（b）晶粒尺寸大小相近的非均匀物质

2.1.2　界面是材料与环境创造的新世界

　　界面上极易产生新的物质或者其他相组织。洁净的金属表面如果接触到空气环境则氧原子会立即被表面所吸附，并在极短的时间内生成透明的超薄氧化物薄膜，该薄膜即使被破坏也会立即得到修复，高温下该氧化膜会成长变厚，而如果环境中含有水分的话，则会引起氧化膜变质，这就是金属生锈。氧化膜既有像金属钛表面上生成的致密保护性惰性膜，也有像铁锈那样的非致密性疏松膜。热力学上的界面被近似为厚度无限小，而根据研究对象和技术范围以及人类所需要的不同功能，实用上的物质表面厚度可以扩展为一定的范围（如图 2-2 所示）。

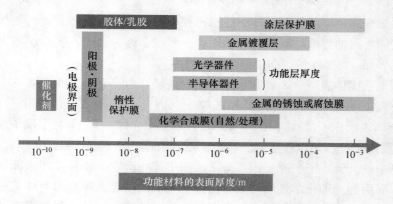

图 2-2　不同功能材料的实用表面厚度

2.2　电镀铜的特征和镀液

　　电镀是在外部电场的作用下，镀液中的金属离子在阴极上获得电子（电能），并在阴极镀件（工件）表面还原为金属的过程。电镀的原理就是金属离子在电解槽内的电化学还原过程。

2.2.1　镀铜层在哪里使用？镀铜的特征和主要用途

　　金属铜是一种紫红色的金属，具有优异的电导性、热导性以及良好的加工延展性。虽然其没有金属镍（Ni）的强度和耐腐蚀性，但相对价格低廉。表 2-1 是镀铜的主要用途，其中还有许多一般人感觉不到的用途。那就是镀铜层还被广泛作为其他金属镀的底层和预镀层使用。

　　例如汽车车标的基材是 ABS 塑料，但其外表却是闪亮的镀铬层。其断面如图 2-3 所示为铜-镍-铬镀层的三层构造，最底层是塑性良好的镀铜层。该镀铜层在抵御温度变化可能带来的热胀冷缩裂纹时起到了关键的缓冲作用。

表 2-1 镀铜的主要用途

用　　途	应　用　案　例
其他金属镀的底层镀	利用氰化铜镀层的良好附着力，硫酸铜镀层的流平作用以及其良好的延展性与导电性，镀铜层可用于其他金属镀层的底镀层，例如铜镍铬，铜镍或锡镀层的底镀层；此外，铜极易机械抛光
制作铜箔	鼓状阴极在硫酸铜溶液中边通电边拉出即可获得铜箔；鼓状电极面的铜箔内表面光滑，而外表面粗糙；但粗糙面与树脂基板附着性良好，因此被广泛用于印刷电路板的制作
印刷电路板的通孔、盲孔镀铜　半导体回路的镀铜	电气产品和电子电路是通过具有良好的导电性，物理性能和流平性的硫酸铜浴电镀制成
防渗碳局部镀铜	在对铁合金产品进行渗碳处理时，可采用局部镀铜的方法，防止该部分被渗碳；渗碳结束后，将覆铜层剥离即可
电铸	用于制造波导管、电铸压模、电铸掩模等

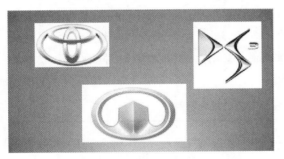 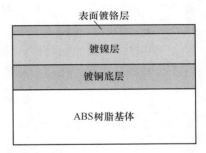

图 2-3　汽车车标及镀层断面多层构造示意图

2.2.2　镀铜使用的是什么镀液？镀铜液的种类

　　习惯上我们一般称镀液为镀浴。常用的镀铜浴有氰化铜镀浴、酸性光亮镀铜浴、焦磷酸盐镀铜浴和 HEDP 镀铜浴等。目前我们使用的主要铜镀浴是强酸性的硫酸铜镀浴和碱性的氰化铜镀浴两种。这两种镀铜浴的主要不同点是其能否发生以下的置换反应：

$$Fe + Cu^{2+} \longrightarrow Fe^{2+} + Cu$$

　　将钢铁基体放入硫酸铜镀浴中，由于铁原子与铜原子之间电负性差（离子化倾向的差异）的作用，基体表面上的铁被溶解，铜被置换到基体表面，如图 2-4 所示。由于这种置换型镀层的附着性较差，即使采用电镀法也无法获得良好的镀层。而碱性氰化铜镀浴就不会发生上述的置换反应。

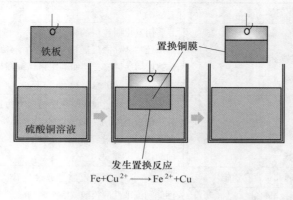

图 2-4　铜的置换反应

2.2.3　操作方便的硫酸铜镀浴——硫酸铜镀液及其特点

硫酸铜镀浴的主要成分如表 2-2 所示，该镀浴在常温下比氰化铜镀浴的操作简单、浴液管理方便。硫酸铜镀浴的优点是在添加剂的作用下可形成光泽平滑的良好镀层，但缺点是除了产生上述的置换反应外，浴液中的强酸性会导致钢材或锌合金基体无法被直接施镀。硫酸铜浴液主要用于塑料及印刷电路板的电镀，最近还扩展到了半导体线路的制造领域。

表 2-2　硫酸铜镀浴的成分示例

硫酸铜（$CuSO_4 \cdot 5H_2O$）	180g/L
硫酸（H_2SO_4）	50g/L
氯离子	50mg/L
光亮剂	适量
温度	室温
搅拌	空气搅拌
阳极	含磷铜
电流密度	2~4 A/dm^2

2.2.4　不发生铜置换反应的氰化铜镀浴——氰化铜浴及其特点

氰化铜镀浴的主要成分如表 2-3 所示，这是以氰化钠与氰化亚铜为主要成分的碱性盐浴。在氰化铜镀浴中，不发生上述的置换反应，因此在钢铁或锌合金上可以直接施镀。

表 2-3　氰化铜镀浴的成分示例

氰化亚铜（CuCN）	60g/L
游离氰化钠	10g/L
光亮剂	适量
pH 值	11~13
温度	50~60℃
搅拌	空气或机械搅拌
阳极	电解铜
电流密度	$1~3A/dm^2$

2.3　电镀镍的特征和镀液

2.3.1　镀镍在哪里使用？镀镍的特征和主要用途

金属镍与铁系金属（Fe、Co、Ni）同族，属于元素周期表中ⅧB 族元素。其颜色、强度以及磁性均与铁类似，但金属镍不生锈，耐腐蚀性极强。由于其优异的强度和耐腐蚀性，因此在不锈钢中被大量使用。

表 2-4 为镀镍的主要用途。类似汽车这样的室外用品主要是在电镀镍层的基础上再薄薄镀一层铬，镀铬保险杠的外观显示的是最外层铬的颜色，但如图 2-5（a）所示其镀层厚度的绝大部分是镍底镀层，再在其上施镀薄铬层。在电子线路板的铜基体上镀金时，为了防止铜扩散，也必须预镀镍（如图 2-5（b）所示）。

另外，由于镍镀层可忠实再现母版上微细表面的变化，因此镍电铸技术在唱片、CD 以及全息图的压模上亦被广泛采用。

表 2-4　电镀镍的主要用途

用　途	具 体 案 例
装饰、防腐镀层	文具、OA 机器部件、医疗器具、杂货等
镀铬的底镀层	汽车零件的 Ni-Cr 镀、Cu-Ni-Cr 镀；浴室、厕所用水洗零件的 Cu-Ni-Cr 镀
贵金属镀的底镀层	装饰品的贵金属镀采用在光亮镀镍层之上，再施镀金、银、铑等薄镀层
触点、连接器用镀金的防止扩散层	如果在铜上直接镀金，铜会在镀金层表面上扩散氧化，导致接触电阻增大；因此，采用镀镍底镀层可防止铜的扩散
工业增厚电镀	充分利用金属镍的耐腐蚀性和高强度，在工件表面施镀厚镍层
唱片、CD、DVD 等的工业化批量生产压模的电铸	由于电镀镍层可忠实再现母版表面细微形状变化，因此采用厚镍镀（电铸）法制作批量生产用压模

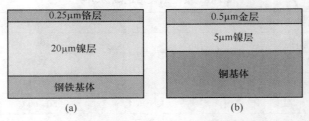

图 2-5　汽车镀铬保险杠（a）和电子线路板底镀镍层（b）

2.3.2　镍过敏是怎么回事? ——过敏源的镍

镍是人体必需的微量元素。正常情况下, 成人体内含镍量约为 10mg, 血液中镍的正常浓度为 0.11μg/mL。在生物大分子的结构稳定性及新陈代谢过程中都有镍元素的参与, 人体对镍的日需要量约为 0.3mg。镍元素的缺乏可引起糖尿病、贫血、肝硬化、尿毒症、肾衰竭、肝脂质和磷脂质代谢异常等病症。

但镍同时又是最常见的致敏性金属, 约有 20% 的人对镍离子过敏, 女性过敏患者高于男性患者人数。当镍离子与人体接触时, 其可以通过毛孔和皮脂腺渗透到皮肤内部, 从而引起皮肤过敏发炎, 临床表现为瘙痒、丘疹性或丘疹水泡性皮炎和湿疹, 伴有苔藓化。一旦出现镍致敏症状, 其症状会无限期持续下去。

欧洲已对项链、耳环、手表等长时间与人体接触的物品制定了严格的镍限制使用法规。因此, 对于镀金物品, 现在一般采用白色的锡-铜合金底镀层来代替镍底镀层。

2.3.3　最常用的镍镀液——瓦特浴的成分与特点

镍电镀液主要是以硫酸镍为主成分的瓦特浴（见表 2-5）。美国人瓦特是镍电镀液的发明人。不含光亮剂的瓦特浴可形成灰色无光泽的镍镀层, 而添加光亮剂后, 可得到平滑且具有镜面光泽的镍镀层。

瓦特浴中除了主成分硫酸镍外, 还含有氯化镍和硼酸。氯化镍可促进镍阳极的溶解, 硼酸可防止电镀基体尖锐部位由于电流集中可能产生的焦糊状现象。镀液需要加热到 50~60℃, pH 值维持在 4.0~4.4 之间。

表 2-5　瓦特浴的成分、操作条件和各成分的作用

成　　分	浓　　度	作　　用
硫酸镍	250~300g/L	提供镍离子
氯化镍	40~50g/L	氯离子可促进阳极溶解
硼酸	30~40g/L	防止大电流烧焦

续表 2-5

成　分	浓　度	作　用
pH 值	4.0~4.4	—
光亮剂（光亮镀镍时）	适量	赋予镀层光泽
温度	50~60℃	—
电流密度	2~4A/dm²	—

2.3.4 镀液光亮剂——成分及其作用

光亮剂主要具有控制镀层的光亮度和填平凸凹的作用。瓦特浴中添加的光亮剂有初级光亮剂和次级光亮剂两种（见表 2-6）。初级光亮剂除具有抑制电镀镀层应力外，还有辅助次级光亮剂的作用。次级光亮剂具有赋予镍镀层平滑和光泽的作用。除此以外，为了降低镀液的表面张力、防止凹陷产生还需要添加适量的表面活性剂。

表 2-6　瓦特浴的添加剂种类与作用

分类	药品例	浓度	作　　用
初级光亮剂	（1）糖精 （2）萘·磺酸钠	1~2g/L 2~10g/L	降低镀层内应力，辅助二次光亮剂发挥作用
二次光亮剂	1-4 丁炔二醇	0.1~0.2g/L	赋予镀层平滑和光泽
凹陷防止剂	表面活性剂	少量	降低液体表面张力，消除或驱离氢气泡在基体表面的吸附

注：精确控制一次光亮剂和二次光亮剂的浓度，可获得质量优异、光亮平滑的镀镍层。

2.4　电镀镍的特点与镀液

2.4.1　汽车外装部件的电镀——耐腐蚀多层镍铬电镀系统

汽车及摩托车等车辆的外装常年暴露在室外环境，因此其镍铬镀需要比室内具有更高的耐大气腐蚀性要求。外装用镍铬镀层，不是图 2-6（a）所示的单层，而是如图 2-6（b）所示的半光亮镀镍层+光亮镀镍层+含有非导电微颗粒镀镍层这样的三重结构，在其之上再镀一层薄铬层。薄铬层形成多孔结构，由于半光亮镀镍层与光亮镀镍层之间微电池的作用，导致腐蚀孔沿着半光亮层扩展，而不会贯通至基体。因此，即使长期暴露在大气中基体也很难再被腐蚀。

图 2-6（a）是室内用品的光亮镍铬镀层结构，如果将其暴露在室外，就会产生如图 2-6（a′）所示的那样，从铬层开始的腐蚀孔会较轻易地穿透光亮镀镍层到达基体界面，最终导致基体（铁）被腐蚀。

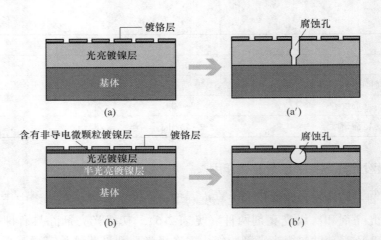

图 2-6 光亮镀镍-铬与多层镀镍-铬镀层的结构和耐蚀性的区别
（a）光亮镀镍-铬镀层的结构；（a′）光亮镀镍-铬镀层的耐蚀性；
（b）多层镀镍-铬镀层的结构；（b′）多层镀镍-铬镀层的耐蚀性

与此相对，多层镍铬层的结构（如图 2-6（b）所示），多孔结构镀铬层的下部镀镍层本身可有效阻止外界腐蚀。即使腐蚀孔贯穿光亮镀镍层（如图 2-6（b′）所示，由于光亮镀镍层与半光亮镀镍层之间的微电池作用，腐蚀孔仍会被阻止继续向下扩展。

2.4.2 镍镀层的硬度、塑性和应力——镀镍层的力学性能

利用瓦特浴所获得的无光亮镀镍层，维氏硬度 HV 大约为 300，具有硬度较低、塑性较高的特点。而光亮镀镍层的 HV 硬度可高于 400，其相对硬度高、塑性较差，因此，电镀后在进行弯曲加工时需要特别注意。

另外，根据镀浴的成分不同，薄镍镀层由于内应力的作用可能会发生镀层翘曲的现象，因此在镀浴中需要添加适量的氨基磺酸，以获得无内应力的镀镍层。

2.4.3 CD、DVD 上不可缺的镀镍——电铸所使用的氨基磺酸镀浴

采用氨基磺酸镍（$Ni(SO_3NH_2)_2 \cdot 4H_2O$）为主成分代替硫酸镍的氨基磺酸镀浴（见表 2-7）进行镀镍，可获得内应力极低的镀镍层。

电铸的基本施工方法如下：将预先按所需形状制成的原模作为阴极，用电铸材料作为阳极，同时放入与阳极材料相同的金属盐水溶液中并通以直流电。在电解作用下，在原模表面逐渐沉积出金属电铸层，达到所需的厚度后从溶液中取出，再将电铸层与原模分离，便可获得与原模形状相对应的金属复制件。

表 2-7　氨基磺酸镀浴成分示例

项　　目	成分例 1	成分例 2
氨基磺酸镍浓度/g·L^{-1}	300	450
氯化镍浓度/g·L^{-1}	—	15
硼酸浓度/g·L^{-1}	40	30
添加剂（内应力抑制剂）	适量	适量
pH 值	3.5~4.2	3~5
温度/℃	50~70	40~60
电流密度/A·dm^{-2}	2~14	最大

　　镍电铸应用于电唱机唱片以及 CD、DVD 的生产历史悠久。CD、DVD 上面的数码信息是通过微细凹坑（pit）被记录在碟片表面上，再利用激光的反射予以再生。图 2-7 是从玻璃基盘（CD 母盘）上利用镍电铸制造出压模，直至 CD 量产的加工过程示意图。如果镀镍层中产生张应力的话，则会在电铸操作过程中出现镀镍层剥离或者翘曲等质量事故。

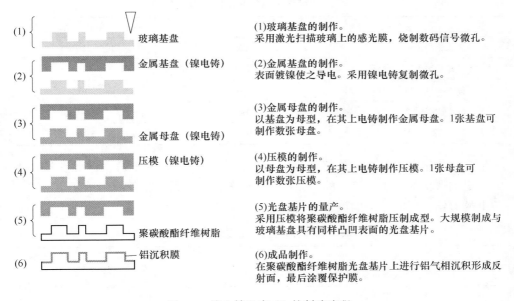

图 2-7　镍电铸生产 CD 的制造流程

2.5　装饰镀铬的特点与镀液

2.5.1　六价铬与三价铬——装饰用镀铬浴的种类

　　装饰用镀铬（如图 2-8 所示）一直以来都是采用六价铬（CrO$_3$、H$_2$CrO$_4$ 等）

镀浴。六价铬具有毒性，其使用受到了环保法规的严格限制。最近开发出了三价铬（Cr_2Cl_3、Cr_2SO_4 等）镀浴。目前装饰用镀铬开始普及三价铬镀浴。

图 2-8　摩托车零件和水龙头的表面镀铬

六价铬浴主要分为采用铬酐（三氧化铬CrO_3）与硫酸为主成分的萨金特浴及添加氟化物的氟化物浴两种（见表2-8）。氟化物浴的电沉积性能（附着性能）非常优异，但氟化物属于剧毒物质，同时其废水较难处理。

表 2-8　装饰用六价铬浴的典型成分

项　　　目	萨金特浴	氟化物浴
无水铬酐浓度/g·L^{-1}	250	250
硫酸浓度/g·L^{-1}	2.5	0.5
氟硅酸钠浓度/g·L^{-1}	—	10
镀浴温度/℃	40~60	40~60
电流密度/A·dm^{-2}	20~50	5~60

与六价铬浴相比，三价铬使用的药品种类较多（见表2-9），因此在操作上需要更加严格的管理。该浴的覆盖性能亦十分优越，因此非常适用于复杂形状工件上的镀铬，同时该浴的镀铬层耐盐雾腐蚀能力较强。

表 2-9　装饰用三价铬浴的典型成分

项　　　目	浓　　　度
六水合氯化铬	110g/L
甲酸	30mL/L
草酸钠	20g/L
硼酸	38g/L
氯化铵	100g/L
硫酸钠	70g/L
镀浴温度	20~50℃
电流密度	5~20A/dm^2

2.5.2 能长期维持金属光泽的铬层——镀铬层的特征

铬浴中即使不添加光亮剂，所生成的铬层亦具有金属光泽。其抵抗大气腐蚀能力强，光泽持久，因此一直被广泛使用。但是，由于镀铬层中存在许多细微的微裂纹，如果直接在钢铁表面上施镀，则依然难免腐蚀的发生。因此，镀铬前的预镀是非常必要的。

镀铬层厚度如果超过 $5 \sim 10\mu m$，则由于铬层内应力的作用会产生裂纹。因此，一般装饰用镀铬层的厚度控制在 $0.1 \sim 0.3\mu m$。即使镀层很薄，由于其硬度极高（HV850 左右），所以在一般使用环境下也不会产生镀层被磨损而导致的基体裸露。

装饰用镀铬层的耐腐蚀性决定于其预（底）镀层的耐腐蚀性，而不是镀铬层本身。预镀镍层的厚度一般约为 $5\mu m$，而汽车等室外物品的预镀镍层则在 $20\mu m$ 左右。

2.5.3 装饰用镀铬技术的进步——耐蚀性镍-铬镀

现在人们已经开始同时追求装饰镀铬的美观与耐蚀性这两个方面的性能。为了进一步提高装饰镀铬的耐蚀性，其方法之一就是增加预镀镍层的厚度。但是，电镀技术本身的目的就是追求更薄和更高性能，因此，如图 2-9 所示，对于预镀镍层，目前开发出了施镀 $2 \sim 3$ 层不同含硫量的镍层，通过平行于铁基体的不同含硫镍层来延迟铁基体腐蚀的实用化技术。

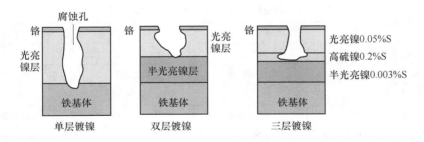

图 2-9　多层镀镍提高耐腐蚀性能

2.6 硬铬镀层的特点与镀液

2.6.1 不同厚度的镀铬层——硬铬与装饰性用铬

镀铬层具有以下两大特点：

（1）耐大气腐蚀性强，可长期保持金属光泽。

（2）镀铬层硬度极高（HV800~950），动摩擦系数低，因此耐磨损性能优异。

装饰性镀铬就是利用（1）的优点，镀层极薄，仅为 0.1~0.3μm。而硬铬则是利用（2）的优点，用于提高机械零件的耐磨损性能（如图 2-10 所示）。镀层的厚度根据使用环境不同而有所变化，一般为 5~100μm。

图 2-10　汽车发动机气缸内壁镀覆硬铬

2.6.2　采用六价铬浴的硬质铬——硬质铬浴

硬质铬所采用的六价铬浴有萨金特浴、氟化物浴、HEEF 浴（HEEF 是安美特化学公司的商品名）等（见表 2-10）。萨金特浴的标准配方为铬酸 250g/L-硫酸 2.5g/L，镀浴温度为 45~65℃、电流密度为 20~70A/dm²。氟化物浴为添加了氟硅化物，HEEF 浴为添加了有机磺酸作为催化剂。

表 2-10　典型的硬质镀铬浴的成分和镀层特点

项　目		萨金特浴	氟化物浴	HEEF25
电流效率/%		12~16	20~26	20~26
外观		半光亮—光亮	光亮	光亮
无电镀部分的刻蚀		无	有	无
维氏硬度（100g）	电镀后	800~900	950~1050	900~1000
	500℃热处理后	600~700	600~700	750~850
裂纹数（C/cm）		50~300	200~800	400~1200

通常的电镀阳极一般采用的是施镀金属。而镀铬的阳极一般采用的是不溶性的铅或铅锡合金。对于复杂工件还可采用软铁阳极。最近，钛-铂电极也逐渐获得了应用。

2.6.3　使用广泛的硬质镀铬——硬质镀铬的用途

硬质铬镀的应用非常广泛。

（1）机械传动零件：内燃机等的汽车零件及各种机械传动零件（如图2-10所示）。

（2）模具：塑料及橡胶、玻璃成型模具等（如图2-11所示）。

（3）滚筒类：印刷、压延、造纸、纤维、塑料薄膜等滚筒（如图2-11所示）。

（4）电镀修复：采用电镀法将机械磨损部位进行镀铬修复。

镀铬模具　　　　　　　　　　　　　镀铬滚筒

图2-11　硬铬的部分应用示例

由于硬质铬镀层主要应用于机械零件的传动部位，因此对镀层的附着性要求极高。为了保证镀层与基体的附着性，电镀前通常需要进行刻蚀（逆向电流）操作（如图2-12所示）。刻蚀的目的是将基体表面粗糙化，以提高镀层在基体表面上的附着（锚定）能力。刻蚀的方法根据基体材质以及镀层种类有所区别，铁基基体的硬质铬施镀时，主要采用阳极电解的方法。

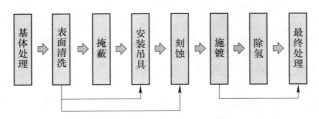

图2-12　硬质铬施镀工艺流程

2.7 镀锡的特点与镀液

2.7.1 镀锡在哪里使用？镀锡的特点与用途

镀锡层具有美丽的光泽，耐腐蚀性优异，毒性小。非常适合于食品容器等的表面处理。另外，金属锡除了能耐密闭容器中食品所产生的有机酸腐蚀之外，由于锡的熔点低，因此即使镀锡层出现孔洞，高温热油亦能熔化孔洞周围的锡将之填补，因此非常适合于作为罐头包装材料使用（如图2-13所示）。现在作为罐头包装材料的镀锡钢板（马口铁）被大量生产。

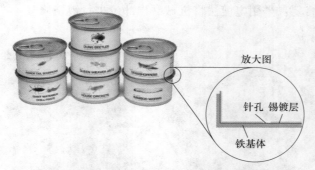

图 2-13　罐头的镀锡层牺牲性防腐蚀作用

　　锡的熔点仅为232℃，因此非常适合钎焊，并可有效防止电路板上铜的腐蚀。因此，锡及锡的合金镀层在电器电子行业中也发挥着非常重要的作用。除此以外，由于金属锡塑性好，因此非常适合于用作机械零件中滑动部位的润滑镀层。表2-11是镀锡层的主要用途。

表 2-11　镀锡层的主要用途

用 途	具 体 实 例
装饰、防腐镀锡	珠宝首饰、一般杂货装饰镀锡、食品器具、罐头用镀锡钢板等
防腐、钎焊用镀锡	电器连接器、电路铜线防腐、钎焊镀锡、铜线压接端子等
润滑性镀锡	零件滑动部位提高润滑性和防烧损镀锡、轴承镀锡

2.7.2　拿破仑与金属锡——低温下的金属锡特性

　　金属锡具有一个特殊性质就是所谓著名的锡瘟疫。锡是一种延展性非常好的金属，在常温下不易氧化，化学性质稳定，光泽度好。但它有一个致命的弱点，就是既怕冷又怕热，只有在13.2~161℃的温度范围内其物理和化学性质才最稳定，这就是我们常见到的"白锡"。锡元素有白锡和灰锡这两种同素异形体，在不同温度条件下，金属锡可以有不同的结晶状态。当温度低于13.2℃时，锡会发生相变形成一种新的结晶形态，即灰锡，相变会使其密度从 $7.28g/cm^3$ 减少到 $5.8g/cm^3$，导致体积增大。这种相变速度比较缓慢，通常不易发生，但是在寒冷地带该相变则会加速进行，相变一旦发生就会产生像肿大和起泡一样的突起，就像人类患上"瘟疫"一样。另外，未染上"锡瘟疫"的金属锡，一旦和有"锡瘟疫"的金属锡接触，也会迅速产生同样的"病症"而逐渐"腐烂"掉，就像传染病一样很快波及全身，其结果是导致锡制品迅速被疏松破坏，我们将此形象地称之为"锡瘟疫"（如图2-14所示）。

1812年拿破仑军队在俄国战败撤退时，军队士兵军服上的锡制纽扣都变成灰色的粉末消失了。这就是由于在俄国零下30℃的严寒下，白色的金属锡纽扣（β-Sn）相变成灰锡（α-Sn）所致。这也是极低温下发生的金属锡崩溃（锡瘟疫）的现象。

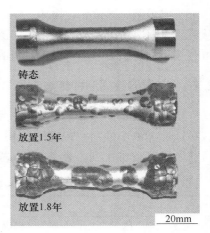

图2-14 锡瘟疫

2.7.3 镀锡层长胡子现象——锡须问题

当使用电器钎焊镀锡时，由于电镀条件与环境的变化，有时会产生锡须（长胡子）问题。锡须（tin whisker），是电子产品及设备中一种常见的现象，是锡表面自然生长出来的锡晶体。锡须的形状一般是直的、扭曲的、沟状、交叉状等，有时也有中空的，外表面呈现沟槽。锡须一般只有几毫米长，个别可以超过10mm。图2-15是其典型的锡须照片。由于锡须具有导电性，在大规模集成电路

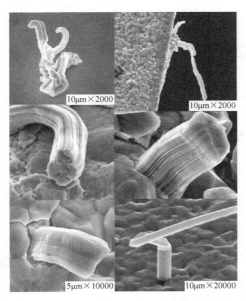

图2-15 镀锡所产生的锡须

中可造成短路而导致元件损坏。锡须产生的原因是由于镀锡层内外应力造成锡单晶从镀层表面逸出。目前人们正在广泛研究如何抑制锡须的产生，锡铅钎焊合金虽然可有效防止锡须的产生，但是目前的发展趋势是努力促进无铅化钎焊材料技术。

2.7.4　主要的镀锡浴种类与成分

目前的镀锡浴主要有硫酸浴、甲磺酸浴和碱性浴这三种类型。除此之外，还有腐蚀性低的中性浴。以前曾使用过硼氟化物浴，但由于其废水处理难度较大，目前业界已较难见到。表 2-12 是这些镀锡浴的代表性组成和特征。

表 2-12　各种镀锡浴例

硫酸浴		甲磺酸浴		碱性浴	
硫酸亚锡	30g/L	甲磺酸锡	130g/L	锡酸钠	100g/L
硫酸	150g/L	甲磺酸	150g/L	氢氧化钠	12g/L
添加剂	适量	添加剂	适量	添加剂	
温度	室温	温度	室温	温度	70℃
电流密度	0.1~4A/dm²	电流密度	1~20A/dm²	电流密度	1~5A/dm²
添加剂是必须组分，其类型不同可分别获得无光亮、半光亮和光亮镀液。Sn^{2+} 离子可被大气氧化生成偏锡酸沉淀，因此硫酸浴禁止空气搅拌		与硫酸浴相比成本较高，但锡离子的溶解度也高，可获得高浓度镀锡浴。另外，由于使用大电流电镀，因此镀速较高。Sn^{2+} 较难被氧化成 Sn^{4+}		由于锡酸钠中的锡离子为 4 价，因此与酸性浴相比需要双倍的电量。其附着力、均匀性优异，可获得银白色无光亮镀层。镀层的塑性优异，特别适用于压接端子的表面施镀	

2.8　锡合金镀的特征与镀浴

2.8.1　钎焊用镀锡——锡铅合金镀

当锡铅的比例为 Sn：Pb = 61.9：38.1 时，锡铅合金的熔点可达到最低的 183℃（如图 2-16 所示）。该成分的合金我们称之为锡铅合金的共晶合金，183℃ 为共晶温度。这种极低温的共晶合金被广泛用于电子元件的钎焊连接（如图 2-17 所示）。

根据 RoHS 标准，锡铅合金镀目前虽然开始被无铅合金镀所替代，但由于锡铅合金钎焊工艺完善、性能优异，因此在许多场合目前仍然被广泛使用。除了 60Sn-40Pb 的共晶焊料合金镀以外，还有 90Sn-10Pb 合金镀，一般用于引线框焊接的电镀。

以前的主流镀液是硼氟化物浴，由于硼氟化物的废水处理难度极大，目前的镀浴主要为甲磺酸浴（见表 2-13）。

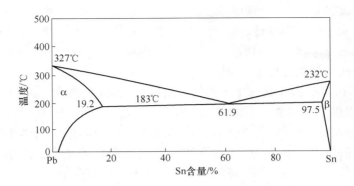

图 2-16　锡-铅合金状态图

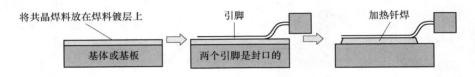

图 2-17　电子元件的钎焊连接示意图

表 2-13　**Sn-Pb 合金镀浴例**

成分（条件）	60Sn-40Pb	90Sn-10Pb
甲磺酸锡/g·L^{-1}	Sn 56	Sn 21
甲磺酸铅/g·L^{-1}	Pb 8	Pb 3
游离甲磺酸/g·L^{-1}	225	225
添加剂	适量	适量
温度/℃	21～29	21～29
电流密度/A·dm^{-2}	1～3	1～5

2.8.2　对有害 Pb 的限制——无铅锡合金镀诞生的缘由

电子产品报废后，酸雨会将印刷版电路上的钎焊溶解而带来环境污染。铅可使人的中枢神经系统中毒，导致人体贫血，出现头痛、眩晕、乏力、困倦、便秘和肢体酸痛等症状，有的口中有金属味、动脉硬化、消化道溃疡和眼底出血等症状也与铅污染有关。儿童铅中毒则出现发育迟缓、食欲不振、行走不便、便秘和失眠的症状；若是小学生，还伴有多动、听觉障碍、注意力不集中、智力低下等症状。这是因为铅进入人体后通过血液侵入大脑神经组织，导致营养物质和氧气供应不足，造成脑组织损伤所致。铅中毒严重者还可能导致终身残疾。特别是儿童处于生长发育阶段，对铅更为敏感。进入人体体内的铅与神经系统有很强的亲和力，故儿童对铅的吸收量是成年人的数倍，因而受害尤为严重。铅进入孕妇体内则会突破胎盘屏障，影响胎儿发育，造成畸形等。因此，从 1990 年开始全世界对铅的使用与排放进行了严格限制。

日本从 1994 年开始将污水中的铅排放量从 1ppm 降低到 0.1ppm 以下。我国《污水排入城镇下水道排放标准》（GB/T 31962—2005）中对铅的排放标准为0.5ppm 以下。EU 也制定了 ELV（报废汽车的环境限制指令）、WEEE（报废电器的环境限制指令）和 RoHS（有害物质限制指令）等法令，严格限制铅的使用。以上这些法令，极大地促进了无铅钎焊镀的研发和应用。

2.8.3　无铅合金镀浴有哪些？——无铅合金镀的成分与特征

表 2-14 为典型的无铅钎焊镀浴的成分。由于钎焊镀的主要作用是为了提高零件表面上的浸润性（钎焊液在表面铺开），纯锡镀也可成为无铅钎焊镀的候选。无铅钎焊镀需要具备以下性能：

（1）包括添加剂在内必须无毒性，对环境影响小；

（2）合金组成固定，熔点变化小；

（3）镀层耐氧化腐蚀性强；

（4）无锡须产生现象；

（5）镀液操作与管理简单；

（6）连接强度、柔软性及镀层的力学性能好。

表 2-14　各种无铅钎焊合金镀浴（高速浴）示例

成分（条件）	Sn-Ag（3%~4%）	Sn-Bi（1%~5%）	Sn-Cu（0.7%）
甲磺酸锡/g·L^{-1}	Sn^{2+}40	Sn^{2+}40	Sn^{2+}40
甲磺酸银/g·L^{-1}	Ag 1.5g	—	—
甲磺酸铋/g·L^{-1}	—	Bi^{3+}3.6	—
甲磺酸铜/g·L^{-1}	—	—	Cu^{2+}0.1
甲磺酸/g·L^{-1}	150	140	150
添加剂（光亮剂）	适量	适量	适量
pH 值	强酸性	强酸性	强酸性
温度/℃	20~35	35~45	25
电流密度/A·dm^{-2}	5~15	5~20	5~20
特征	锡须抑制效果好，连接强度、疲劳性能优异	锡须抑制效果好，主要用于半导体引线框外装端子等的镀层	镀层的抗弯折性能优异，原材料成本较低，光亮电镀较易获得

2.9 电镀锌的特征与镀液

2.9.1 镀锌的重要作用——钢铁材料表面防腐镀层

与镀贵金属相比，镀锌虽然显得非常低调，但我们身边却处处都离不开镀锌。图 2-18 为机械零件（螺丝、螺母等）和车用钢板的镀锌案例。

镀锌零件　　　　　　　　　　　车用镀锌钢板

图 2-18　镀锌零件案例

镀锌的主要目的就是防止钢铁材料的室外大气腐蚀。镀锌层的耐磨损性虽然比不上镀镍层或镀铬层，但其价格低廉、操作简便。

2.9.2 镀锌层耐腐蚀原理——锌的牺牲性防腐蚀作用

图 2-19 为钢铁基体上的镀镍层与镀锌层的防腐蚀机理对照示意图。图 2-19 (a) 所示的镀镍层如果出现孔洞的话，由于镍的标准电极电位（原电池中正极为高电位，负极为低电位）高于铁，因此由镍-铁所组成的原电池中，铁为负极（原电池中负极即为电池阳极），即形成如示意图所示的腐蚀电流，铁被腐蚀，则产生生锈现象。

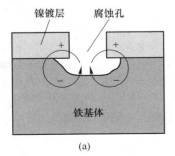 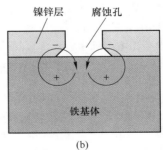

(a)　　　　　　　　　　　　(b)

图 2-19　镀锌层的牺牲性防腐作用

（a）钢铁基体上的镀镍层腐蚀机理；（b）钢铁基体上的镀锌层腐蚀机理

图 2-19（b）为镀锌层，锌-铁所形成的原电池中锌为负极，电流按照图中所示流动导致锌被溶解，保护了铁基体。因此，我们称之为锌的牺牲性防腐。

2.9.3　延长镀锌层防腐能力的处理——镀锌的钝化膜处理

金属锌是一种略带蓝色的银白色金属，放置在大气中表面会氧化变色，因此，镀锌后一般还需进行钝化膜处理以防止表面变色。

2.9.4　镀锌镀液有哪些？——各种各样的镀锌浴

表 2-15 为三种镀锌浴的成分。每种成分均具有各自的特点。镀锌浴可分为酸性浴和碱性浴两大类。酸性浴电流效率高，碱性浴可用于铸造零件的电镀。碱性浴又分为氰化锌镀浴和锌酸盐镀浴两种。氰化锌镀浴具有镀层均匀、抗折性优异等优点。

表 2-15　各种镀锌浴及其特点

碱　性　浴				酸　性　浴	
氰化锌镀浴		锌酸盐镀浴		酸性镀锌浴	
金属锌	20g/L	氧化锌	13g/L	氯化锌	80g/L
氰化钠	44g/L	（金属锌）	10g/L	氯化钾	250g/L
M 比（NaCN/Zn）	2.2				
NaOH	70~90g/L	NaOH	120g/L	NaOH	—
光亮剂	适量	光亮剂	适量	光亮剂	适量
温度	25~40℃	温度	20~30℃	温度	15~30℃
电流密度	1~5A/dm²	电流密度	0.5~5A/dm²	电流密度	0.5~5A/dm²
电流效率	50%~90%	电流效率	60%~95%	电流效率	95%~100%
特点： （1）历史悠久，知识与经验丰富； （2）镀层均匀性和覆盖性好； （3）镀层性能优异，镀层耐机加工能力好； （4）高浓度浴不易产生晶须； （5）含毒性氰化物； （6）铸铁件难以施镀； （7）电流效率低、容易产生氢脆		特点： （1）浴管理与操作简单； （2）可以采用氰化物浴相同的设备； （3）适合于三价铬基的化学钝化膜处理； （4）光亮范围窄，容易产生粗大镀层； （5）镀层均匀性和覆盖性不如氰化锌浴； （6）镀层性能不如氰化锌浴，镀层机加工性能较差		特点： （1）不含剧毒的氰化物； （2）电流效率高，施镀速度快，不会产生氢脆； （3）可对铸铁件施镀； （4）含腐蚀性高的氯化物； （5）与氰化锌浴相比，镀层的塑性不足	

2.10　锌合金电镀的特征与镀液

2.10.1　锌合金镀技术的开发与应用

由于镀锌+钝化膜处理后的防腐性能极佳，因此在钢铁材料的表面防腐获得了广泛的应用。但是，严酷使用条件下的车辆零件还需要更为严格的高耐腐蚀性镀层。例如寒冷地区为防止道路结冰会经常使用食盐或氯化钙作为防冻剂，车辆排气管（如图2-20（a）所示）等底盘下的部件就需要比一般镀锌有更高的耐腐蚀性要求。

另外，汽车发动机周围的高温区域零件（如图2-20（b）所示）还必须具有高耐热性和耐腐蚀性，随着车辆保质期的延长，这些在严酷使用工作条件下的防腐要求，导致锌-镍镀等锌合金镀的应用越来越普及。

（a）　　　　　　　　　　　　（b）

图2-20　锌合金镀应用案例

（a）汽车排气管；（b）引擎盖内的机械传动部件

2.10.2　锌合金镀中的王牌——锌-镍合金镀

锌-镍合金电镀是一种典型的锌合金镀，其可细分为镍含量为5%~8%的低镍合金与镍含量为10%~16%的高镍合金镀这两种类型。高镍含量锌合金镀如图2-21所示显示出具有更好的耐腐蚀性。

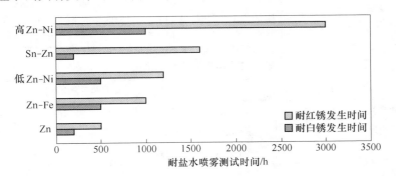

图2-21　各种锌合金镀层（8μm）的耐腐蚀性对比

锌-镍合金镀镀液分为弱酸性浴和碱性浴两种类型。

弱酸性浴具有电流效率高、无氢脆产生以及可在铸件上直接施镀的优点，但缺点是氯化物含量高，镀浴的腐蚀性高。

碱性浴由于电沉积性好，可获得整体成分均匀的合金镀层，但是电流效率不高。

锌-镍合金镀层的硬度高于锌镀层，耐磨性和外观也更加优异，同时不经过钝化处理亦具有优异的耐腐蚀性，高温下的耐腐蚀性也非常优异。另外，锌-镍合金的电极电位虽然有所提高，但如果镍含量不高于15%，其电位仍然低于铁，因此仍然维持牺牲性防腐特性。

2.10.3　还有什么锌合金镀？——其他锌合金镀的特点与镀浴

除了锌-镍合金镀外，还有锌-钴合金镀、锌-铁合金镀和锡-锌合金镀。锌-镍合金镀和锌-铁合金镀在日本较为普及。

锌-铁（0.3%~0.6%Fe）合金镀具有成本低、不需要银盐进行黑色钝化膜处理，铬酸盐处理后的镀层具有非常优异的耐腐蚀性等优点。纯锌镀层和锌合金镀层的特征如表2-16所示，典型的锌合金镀浴成分等如表2-17所示。

表2-16　锌合金镀层的特征

合金镀种类	特　征
锌-镍合金镀	有高镍合金（10%~16%Ni）和低镍合金（5%~8%Ni）两种。高镍合金镀层具有极高的耐腐蚀性。锌-镍合金镀层还具有高耐热性和高耐磨损性的特点。镀液有酸性镀浴和碱性镀浴两种。酸性镀浴电流效率高，碱性镀浴的电沉积性能高
锌-铁合金镀	锌-铁合金镀（0.3%~0.6%Zn）具有成本低的优势，钝化处理后可获得很高的耐腐蚀性。普通镀锌的黑色处理需要采用银盐，但锌-铁合金镀不需要采用银盐亦可得到黑色镀层
锡-锌合金镀	锡-锌合金镀（65%~85%Sn）比镀锌层有更好的耐腐蚀性，而且塑性更好，施镀后具有优异的机加工性能。钎焊性能优异，接触电阻低，特别适用于电子电路。但锡的高价格导致锡-锌合金镀的成本较高

表2-17　典型锌合金镀浴成分

锌-镍合金镀浴			锌-铁合金镀浴		
成分（条件）	酸性浴	碱性浴	成分（条件）	酸性浴	碱性浴
金属锌/g·L⁻¹	50	8	金属锌/g·L⁻¹	100	20
金属镍/g·L⁻¹	32	1.6	金属铁/g·L⁻¹	90	0.4
NaOH/g·L⁻¹	—	130	NaSO₄/g·L⁻¹	30	—

续表 2-17

锌-镍合金镀浴			锌-铁合金镀浴		
成分（条件）	酸性浴	碱性浴	成分（条件）	酸性浴	碱性浴
氯化铵/g·L^{-1}	230	—	络合剂/g·L^{-1}	—	80
络合剂/g·L^{-1}	—	100	NaOH/g·L^{-1}	—	130
光亮剂	适量	适量	光亮剂	适量	适量
pH 值	5~6	14 以上	pH 值	2~4	14 以上
温度	25~30℃	23~26℃	温度	40~60℃	18~23℃
电流密度	2~10A/dm^2	1~5A/dm^2	电流密度	2~10A/dm^2	1~5A/dm^2

注：这两种类型的镀浴，均有酸性浴和碱性浴两种。弱酸性浴电流效率高，无氢脆现象发生。而碱性浴的电沉积性能更加优异。

2.11 电镀金的特征与镀液

2.11.1 镀金在哪里使用？——金的特征和镀金的用途

自古以来黄金就是富贵的象征。黄金王冠、漂亮的黄金首饰以及金币都被世人所珍爱。黄金之所以如此被看重，除了其具有美丽的颜色外，还由于其化学性能稳定、能够长期保持美丽金色光泽的特性。

作为表面处理的镀金，自古以来就有金箔法和汞合金法，现代又增加了电镀法。

黄金不仅具有美丽的外观，其导电性、导热性以及钎焊性能亦十分优异，同时又具有化学性能非常稳定的特点，因此除了装饰用镀金外，还被广泛应用于电子电路触点等领域（如图 2-22 所示）。

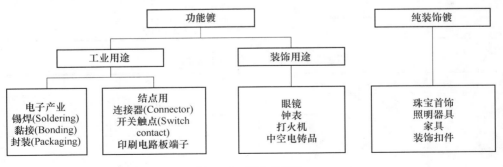

图 2-22　镀金的用途

图 2-23（a）为装饰用镀金，其采用的是中空电铸技术（石蜡上镀金后，融蜡生成中空制品）生产的耳环类饰品。图 2-23（b）为工业用镀金连接器部件。

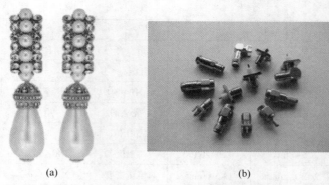

(a)   (b)

图 2-23 镀金的部分案例

（a）中空电铸制作的首饰；（b）镀金连接器零件

2.11.2 金合金的 K 标识——金合金的颜色与表示方法

　　纯金与不同的金属合金化后，会发生如表 2-18 所示的颜色变化。这些合金的纯度我们一般采用 K（Carat，发音为开）来标识。每开的含金量为 4.166%。开与金的纯度关系如表 2-19 所示。也就是说，100% 的黄金我们称之为 24K 或者 24 金；而 18K 则为 18/24＝75% 的金。

表 2-18 金合金的颜色变化

合金成分	颜色变化（随添加量增加，颜色由左向右变化）
铜	黄色→玫瑰色→红色
银	黄色→绿色→淡黄色→白色
镍	黄色→珍珠色→白色
钴	黄色→橙色→绿色→白色
镉	黄色→绿色→淡黄色→白色

表 2-19 金合金开与纯度的关系

开（K）	纯　　度
24K	1000/1000 金
22K	917/1000 金
18K	750/1000 金
16K	667/1000 金
14K	585/1000 金
12K	500/1000 金
8K	333/1000 金

2.11.3　镀金采用什么镀浴？——金镀浴的种类与特征

金镀液主要采用金属盐金氰化钾 [$KAu(CN)_2$] 为主要成分的氰系镀金浴，也有使用亚硫酸金的非氰系浴。表 2-20 为氰化金镀浴的部分成分案例。

表 2-20　各种镀金浴的成分例

成分（条件）	碱性金色镀金浴	酸性金-钴硬质金镀浴	中性纯金镀浴
金氰化钾中的 $Au/g \cdot L^{-1}$	1.6	12	8~10
游离氰化钾（KCN）	7.5	—	—
磷酸盐或柠檬酸盐	15~30	100（柠檬酸盐）	100（磷酸盐）
氰化银中的 $Ag/g \cdot L^{-1}$	0.05~0.2	—	—
钴盐中的 $Co/g \cdot L^{-1}$	—	0.5	—
添加剂	各种金属盐	—	Ti 或 Pb 盐
金/%	75~95	99.7	99.9
pH 值	11~12	4.2~4.4	6~7
颜色	多种	黄色	黄色
维氏硬度	太薄，无法测定	200~300	70~100
用途	装饰品	电子部件	电子部件

注：镀金浴不像镀银浴那样采用可溶金属作为阳极，而是采用不可溶的镀铂钛作为阳极。因此，镀浴中必须采用溶解氰化钾金提供必要的金离子。

过去的镀金主要用于装饰品，因此只有氰化钾和金氰化钾以及含有合金金属盐的碱性镀金浴。碱性镀金浴又称之为上色镀金浴，可短时间施薄镀。如果在氰化钾之外再加上其他种类与比例的金属或合金会带来镀层颜色的变化。

20 世纪 50 年代，发明出了弱酸性镀金浴。由于添加微量 Co 的弱酸性镀金浴可获得硬度高的 Au-Co 镀层，因而又被称之为硬质金，被广泛用于电子产品的结点和连接器。而同样是电子用途中的金线键合（集成电路、半导体、印刷电路板之间的金线链接技术）则要求采用软质的高纯度镀金，键合用镀金使用的是中性浴。

2.12　电镀银的特征与镀液

2.12.1　镀银在哪里使用？——镀银的特征与用途

银与金都是大家熟悉的贵金属。就像我们常说的银白色那样，银具有明亮的美丽白色光泽，从古至今与金同样被用于装饰品和货币。银是金属中导电性最好的金属，因此亦被广泛用于电子行业。图 2-24 所示为镀银引线框照片。由于银还具有高亮度、高抗菌性的特点，因而又被广泛用于食品餐具。表 2-21 为镀银的一些典型应用案例。

表 2-21　镀银的用途

应用范围	应用领域	应 用 案 例
工业用途	电器产品	开关器、断路器
	电子产品	连接器、引线框、导波管、镀银线、滑动触点、无线电话、汽车电装部件、计算机、卫星电视
	反射特性	银镜、照明器材、LED 部件
	杀菌特性	外科工具、卫生器具
装饰用途	一般商品	珠宝饰品、钟表、眼镜、文具、打火机
	餐具类	饮食餐具、餐桌饰品
	工业创意	容器、工艺品等

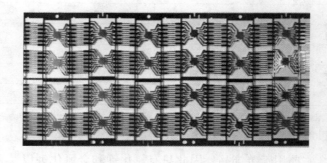

图 2-24　镀银引线框

银的一个缺点就是容易在空气中变色。保存状态不佳的银制品或者镀银奖杯、首饰等物品甚至能变成黑色，这是由于银与空气中的硫元素反应生成黑色硫化银的缘故。

2.12.2　镀银层在大气中容易变色——镀银的防变色方法

由于银容易在空气中变色发黑，因此镀银后，需要采用以下的方法进行防变色处理。

（1）采用有机物包覆：将镀银后的物品放入溶解有凡士林的溶剂中的浸渍法、涂覆透明烤漆法、浸渍硫醇（有机硫化物）法等。

（2）不同金属薄镀覆盖法：施镀钯或铑等贵金属薄层、施镀锡-铜合金薄层等方法。

（3）铬酸盐处理法：浸渍在铬酸盐中或采用阴极电解的方法。

2.12.3 镀银都是用什么镀浴？——氰化银镀浴

表 2-22 为典型的镀银浴的组成。目前所采用的银镀液大部分为碱性氰化物浴。镀银与镀金同样采用溶解氰化银［$KAg(CN)_2$］作为主要银离子来源。氰化银为无色透明结晶，易溶于水。其与镀金浴不同的是，除个例（如高速浴）外，金属银作为可溶解性阳极使用，因此需要添加游离氰化钾 KCN 来溶解阳极银。游离氰浓度低则会导致阳极银溶解不畅，而浓度过高则会影响电沉积均匀性，降低电流效率。光亮镀银则需要添加光亮剂。

碱性镀银浴由于吸收大气中的二氧化碳而导致浴中碳酸盐浓度的升高。另外，如果碳酸钾含量超过 100g/L 则会产生光亮度不足等缺陷。

表 2-22　镀银浴组成例

成分（条件）	无光亮氰化银镀浴	光亮氰化银镀浴	高速氰化银镀浴
氰化银钾（金属计量）	25～33	35～100	65
游离氰化钾/g·L^{-1}	30～45	45～160	—
KOH/g·L^{-1}	—	4～30	—
K_2CO_3/g·L^{-1}	30～90	15～75	—
磷酸盐/g·L^{-1}	—	—	50～100
光亮剂	—	适量	适量
温度/℃	20～30	40～50	60
电流密度/A·dm^{-2}	0.5～1.5	0.5～1.5	30～150
阳极	银	银	金属钛镀铂

注：无光亮镀银浴与光亮镀银浴均使用金属银作为阳极，而高速氰化银镀浴使用不溶的镀铂金属钛作为阳极使用。无光亮镀银浴一般用于工业领域，光亮镀银浴用于装饰领域，高速镀银浴则用于引线框等特殊领域。

2.13　化学镀Ⅰ——化学镀的种类

2.13.1　什么是化学镀？——化学镀的广义分类

化学镀（electroless plating）是指从化学溶液中获得金属镀层的方法，由于这种方法不需要使用外界电源，因此又称为无电解镀或者自催化镀（autocatalytic plating）。其是在无外加电流的情况下借助合适的还原剂，将镀液中的金属离子还原成金属，并沉积到零件表面的一种镀覆方法。

化学镀因不受电场分布和二次电流分布的影响，镀层的厚度在镀件的所有表面基本上都是均匀的。

从图 2-25 可以看出，化学镀可以分为不使用还原剂的置换法和化学还原型两大类。工业化学镀中采用最多的是化学还原型镀镍和镀铜。电镀铜、置换镀铜、化学镀铜的反应原理与区别如图 2-26 所示。

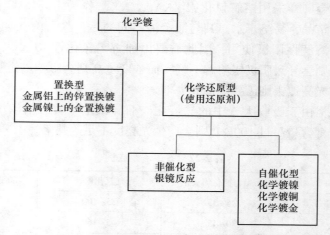

图 2-25   根据广义化学镀的反应机理分类

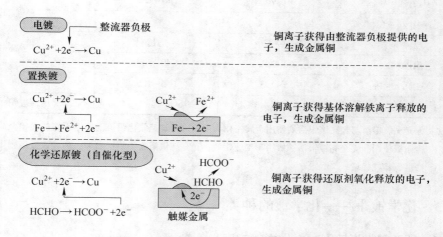

图 2-26   电镀、置换镀、化学还原镀的原理

电镀铜是铜离子从电源负极获得电子还原成金属铜。置换型镀铜是在基体与镀膜之间发生电子交换，铁基体被溶解释放出电子将铜离子还原成金属铜。化学还原型镀铜则是使用甲醛做还原剂，甲醛在基体表面被氧化时释放出电子还原铜离子。

采用置换型化学镀，一旦基体表面被镀层完全覆盖后，电子供给来源被切断，导致反应停止，因此获得的镀层厚度是有限的。而化学还原型镀镍、镀铜和镀金，在镀层上的还原剂仍然参与反应，因此其化学镀反应依然持续，可获得较厚的镀层。

由于施镀金属本身作为催化剂（触媒金属）参与反应，因此又被称为自催化型化学镀。同样的化学还原型，制造镜子所使用的银镜反应采用蔗糖等为还原剂，但由于该反应无持续性，因而被分类为非催化型化学镀。

2.13.2 实用的置换型化学镀实例——锌置换处理（锌酸盐处理）

锌置换反应是工业上广泛应用的置换型化学镀。由于使用的是碱性锌酸盐溶液，又被称之为锌酸盐处理（zincate treatment）。金属铝极易被大气氧化生成氧化膜影响镀层的附着性，因此锌置换前必须对铝进行前处理。

如图 2-27 所示，将锌溶解到高浓度 NaOH 溶液中，然后将铝浸渍其中后会发生如下的置换反应，铝表面被锌置换。

$$2Al + 3Zn^{2+} \longrightarrow 2Al^{3+} + 3Zn$$

表面一旦被锌层覆盖，仍然可以在其上进行其他电镀或化学镀操作。

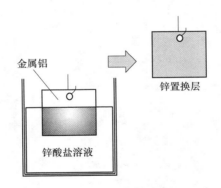

金属铝

锌置换层

锌酸盐溶液

图 2-27 金属铝的锌置换处理（锌酸盐处理）

2.14 化学镀Ⅱ——化学镀镍

化学镀镍的实用化应用开始于 1946 年，当时美国人布朗勒（A. Brenner）在石油合成的研究中，偶然发现次亚磷酸钠能还原金属镍，继而开发出了化学镀镍工艺。

同样的化学镀镍，所使用的还原剂种类却多种多样。还原剂主要分为化学镀 Ni-P（次磷酸盐）、化学镀 Ni-B（硼化物）和化学镀镍（联氨）这三大类。

工业上使用最多的是 Ni-P 化学镀，还原剂为次磷酸钠，镀层中含有约 10%

的磷。如果使用 SBH（硼氢化钠）或 DMAB（二甲胺硼烷）等硼化物做还原剂，会得到 1%~5%B 的 Ni-B 镀层。其虽然比 Ni-P 镀层具有更优异的性能，但由于还原剂价格过高，因而目前只在某些特殊用途上使用。如果使用联氨做还原剂，则能得到纯镀镍层，但其使用范围有限。

2.14.1　化学镀 Ni-P 在哪些领域中使用？——化学镀 Ni-P 镀的特征与用途

化学镀 Ni-P 镀的主要优点是其镀层硬度仅次于硬质铬，具有优异的耐磨性、不需要电镀、镀层均匀性优良且精度高、可在塑料和陶瓷等非导体上施镀等特点。表 2-23 为化学镀 Ni-P 的主要用途案例，图 2-28 为采用光亮化学镀的汽车轮毂照片。

表 2-23　化学镀 Ni-P 的用途案例

用途	案例
精密部件	照相机零件、钟表零件、金属模具
汽车部件	刹车零件、活塞、油缸套、轴承座、回转轴、凸轮
电子部件	外壳、钎焊、电阻、接点、弹簧、硬盘
OA 部件	复印机零件、硒鼓、轴
化学装置	阀门、托盘类、泵、模具、成型机用传输器
其他	食品、医疗、宇宙航空部件

图 2-28　光亮化学镀的汽车轮毂

Ni-P 镀层的性质如表 2-24 所示，其受磷含量的影响较大。一般工业用途常采用中磷含量的镀层。高磷含量镀层由于具有稳定的非磁性特点，因此在铝制硬盘中被广泛使用。

表 2-24　化学镀 Ni-P 镀层的分类与性质

性　质	低磷（1%~4%P）	中磷（7%~9%P）	高磷（10%~12%P）
密度/g·cm^{-2}	8.5	8.1	7.9
硬度 HV（未热处理）	650~700	550~600	500~550
硬度 HV（400℃，1h）	900	900	900
耐腐蚀性	一般	良好	优异
矫顽力/Oe	10	1~2	0
晶体结构	结晶	半结晶	非晶

注：中磷镀层使用最为广泛，低磷一般用于高碱性环境，非磁性的高磷镀层用于硬盘制造。

2.14.2　Ni-P 化学镀原理——Ni-P 镀浴及其化学反应

表 2-25 为两种典型的 Ni-P 化学镀镀浴的成分例。这里的金属盐及还原剂为硫酸镍和次亚磷酸钠，还包括乳酸、羟基丁二酸等有机酸以及防止浴液分解的稳定剂等。

表 2-25　两种典型的化学镀 Ni-P 镀浴组成例

项　目	组成 1	组成 2
硫酸镍/g·L^{-1}	21	20
次亚磷酸钠/g·L^{-1}	24	24
88%乳酸/mL·L^{-1}	3	—
羟基丁二酸/g·L^{-1}	—	16
丁二酸/g·L^{-1}	—	18
丙酸/g·L^{-1}	2	—
稳定剂	适量	适量
pH 值	4.5	5.2
温度/℃	90	95
磷含量/%	8~9	8~9
施镀速度/μm·h^{-1}	17	22

化学镀操作不需要通电，一般采用不锈钢吊具即可完成操作。由于不用考虑电流分布，因此可采用筐状容器一次性大量施镀（如图 2-29 所示）。钢铁基体的化学镀与电镀的前处理相同，需要按照脱脂→酸洗→施镀进行操作。其主要的反应方程式如下：

$$Ni^{2+} + 2H_2PO_2^- + 2H_2O \longrightarrow Ni + 2H_2PO_3^- + H_2 + 2H^+$$

工件放入镀浴后一开始会产生大量的气泡，这是由于上述反应中会大量释放

出 H_2 的缘故。随着施镀反应的进行，镍与还原剂在被消耗的同时 pH 值也会下降，因此需要不断补充镍盐、还原剂以及调整 pH 值用的 NaOH。

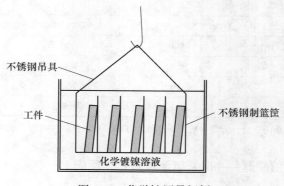

图 2-29　化学镀用吊框例

2.15　化学镀Ⅲ——化学镀铜

2.15.1　化学镀铜在哪里使用？——印刷电路板上的应用

铜是一种导电性优良、使用安全的金属，因此电气产品的配线中多采用金属铜。

化学镀铜最大的特性就是可以在绝缘体上施镀，使绝缘体获得导电性。这一特性导致其在印刷电路板上获得了广泛的应用。

印刷电路板是各种电子线路的基础，图 2-30 是印刷电路板配线的断面示意图，图 2-31 为印刷电路板上通孔镀铜的示意图。

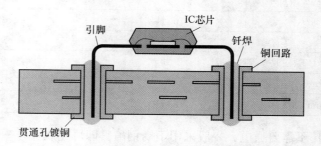

图 2-30　印刷线路板截面示意图

最简单的是图 2-31（a）在树脂基板上的上下两层薄铜箔（厚度约 25μm）上的施镀。该铜箔采用腐蚀的方法制成导线回路，贯通孔镀铜则可将基板上下两面相连（沉铜）。首先如图 2-31（b）所示进行机械钻孔，通孔后首先采用化学镀予以施镀铜，在获得薄铜层使树脂基板可以导电后，再利用电镀铜进行铜层增厚。图 2-31（c）为通孔镀铜完成后的示意图。

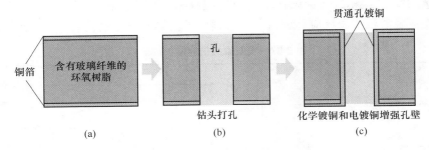

图 2-31　印刷线路板贯通孔镀铜工艺

2.15.2　化学镀铜是怎么进行的？——化学镀铜工艺

印刷电路板通孔上的镀铜，与塑料上的镀铜工艺相同，均要经过以下工艺（省略水洗工序）。

脱脂 ➡ 酸洗 ➡ 催化处理 ➡ 化学镀铜 ➡ 电镀铜

2.15.3　化学镀铜的反应机理——化学镀铜镀浴及其化学反应

目前最常用的镀浴为表 2-26 所示的采用甲醛为还原剂的碱性浴。该镀浴的的优点是成本低廉，缺点是需要使用有毒的甲醛以及氢氧化钠。甲醛浴的化学镀铜发生如下的反应（L 为络合剂）：

$$Cu-L+HCHO+4OH^- \longrightarrow Cu+2HCOO^-+H_2+2H_2O$$

反应伴随有氢气的产生。由于不断消耗 OH^- 导致 pH 值下降，因此需要不断地添加 NaOH 进行 pH 值调整。

表 2-26　甲醛镀浴的成分例

药品名（条件）	组　成
硫酸铜/g·L^{-1}	8
EDTA·4H/g·L^{-1}	90
甲醛/g·L^{-1}	6
2,2′联吡啶/ppm	10
PEG-1000/ppm	100
温度/℃	60
pH 值	12.5
搅拌	空气搅拌

　　还有采用与化学镀 Ni-P 相同的化学镀铜镀浴，还原剂为次亚磷酸钠，可在 pH 值中性附近使用（见表2-27）。由于次亚磷酸钠与铜表面不反应，该镀浴中含有少量的镍盐。图 2-32 为该镀浴的反应机理示意图。从图中可以看出，析出的镍与次亚磷酸根离子反应释放出电子，铜离子获得电子还原成铜。

表 2-27　次亚磷酸钠镀浴的成分例

药品名（条件）	组　成
硫酸铜/$g \cdot L^{-1}$	8
硫酸镍/$g \cdot L^{-1}$	0.6
柠檬酸钠/$g \cdot L^{-1}$	10
次亚磷酸钠/$g \cdot L^{-1}$	25
硼酸/$g \cdot L^{-1}$	30
表面活性剂/$g \cdot L^{-1}$	0.4
镀浴温度/℃	60
pH 值	9.0
搅拌	机械搅拌

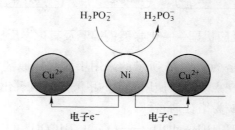

图 2-32　次亚磷酸钠作为还原剂的化学镀铜反应机理

2.16　化学镀Ⅳ——化学镀金

2.16.1　化学镀金在哪里使用？——化学镀金的特征与用途

　　金的导电性优异，化学性能稳定，难以被氧化，特别适合于芯片触点、钎焊、黏结（bonding）等方面的应用。

　　特别是化学镀金，在施镀时不需要通电，可以在电绝缘表面上局部镀金。随着印刷版电路的高度集成化，接点上的化学镀金显得越发重要。

　　如图 2-33（a）所示在电路板的锡垫（Pad）上，可以在化学镀 Ni-P 镀层上进行化学镀金。图 2-33（b）为钎焊、图 2-33（c）为基板上的引线键合的连接方法。图 2-33（d）是实际芯片的安装照片。

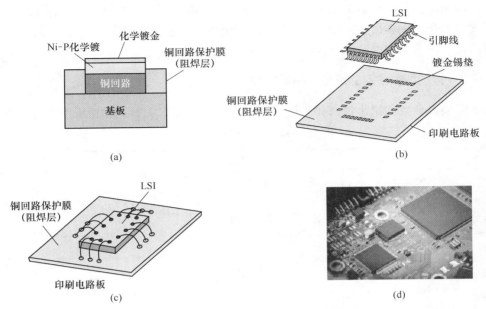

图 2-33　电子芯片（LSI）在线路板上的装配方法
（a）镀金锡垫断面图；（b）钎焊连接芯片法；（c）焊线（wire bonding）连接芯片法；
（d）线路板上的芯片配置例

2.16.2　化学镀金可以增厚吗？——置换型镀金与自催化型镀金

化学镀金，有不使用还原剂的置换型镀金和使用还原剂的自催化型镀金两种方法。例如在镍基体上进行置换型镀金，则发生以下化学反应。

$$Ni + 2Au^+ \longrightarrow Ni^{2+} + 2Au$$

也就是说，由于需要将金离子还原成金原子，因此需要溶解金属镍。这会导致基体被腐蚀。置换型镀金层完全覆盖基体表面后反应停止，因此得到的镀金层厚度是有限的（如图 2-34（a）所示）。

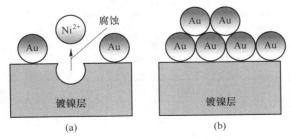

图 2-34　置换型和自催化型镀金的区别
（a）置换型镀金；（b）自催化型镀金

　　而由于自催化型镀金镀浴中含有还原剂，金离子还原不需要溶解基体材料，因此自催化型化学镀金可以在金镀层之上继续施镀，随着施镀时间延长，镀金层厚度也在不断增加（如图2-34（b）所示）。

2.16.3　置换型镀金浴的成分——置换型镀金浴

　　置换镀金浴有氰化物浴和非氰化物浴两种。表2-28为其典型组成与条件。

表 2-28　置换镀浴的示例

项　目	氰化物浴	非氰化物浴
金氰化钾/g·L⁻¹	2.0（Ag）	—
亚硫酸金钠/g·L⁻¹	—	2.0（Ag）
柠檬酸钾/g·L⁻¹	20.0	—
亚硫酸钠/g·L⁻¹	—	10.0
EDTA钾/g·L⁻¹	10.0	—
磷酸二钾/g·L⁻¹	25.0	25.0
表面活性剂	适量	适量
pH值	4.8	7.5
镀浴温度/℃	85	65

2.16.4　自催化型镀金用的镀浴成分——自催化型镀金浴

　　图2-33（d）上的引线键合用接点所需要的镀金层厚度一般为0.5μm以上。这个使用的就是自催化型化学镀金。

　　表2-29为自催化型镀金浴的典型组成与施镀条件。自催化型镀浴分为氰化物浴和非氰化物浴两种。

　　氰化物浴采用DMAB（二甲胺硼烷）等硼化物作为还原剂，非氰化物浴则采用硫脲或抗坏血酸等作为还原剂。

表 2-29　自催化型镀浴成分例

项　目	氰化物浴	非氰化物浴
金氰化钾/g·L⁻¹	2.0（Ag）	—
亚硫酸金钠/g·L⁻¹	—	2.0（Ag）
氰化钾/g·L⁻¹	3.0	—
亚硫酸钠/g·L⁻¹	—	25.0
氢氧化钠/g·L⁻¹	20.0	—
DMAB/g·L⁻¹	5.0	—

续表 2-29

项目	氰化物浴	非氰化物浴
坏血酸钠/g · L⁻¹	—	40.0
稳定剂	适量	适量
硫酸铊/mg · L⁻¹	5（TI）	5（TI）
pH 值	13	7.0
镀浴温度/℃	70	60
搅拌	空气搅拌	机械搅拌

2.17　复合镀

2.17.1　什么是复合镀？——复合镀的结构与用途

　　复合镀是将不溶性固体微粒子添加到镀液中与溶液中的金属或合金共沉积，形成一种金属基的表面复合材料镀层的过程。固体微粒均匀弥散地分布在镀层基体中，故又被称为分散镀或弥散镀。金属镀层又被称为母体（matrix）。将某些特殊的微颗粒分散在金属镀层内，可获得一些意外效果。

　　最常用的是将碳化硅（SiC）、钻石、ZnO_2 颗粒等硬质微颗粒分散到镀层中。除此之外，还有使用氮化硼（BN）、聚四氟乙烯（PTFE）等微颗粒来得到良好润滑性的镀层。

　　图 2-35 为 Ni-P-ZnO_2 复合镀层的表面 SEM（扫描电镜）照片，金属镀层的内部分散着 $0.1 \sim 1\mu m$ 的固体颗粒物质。

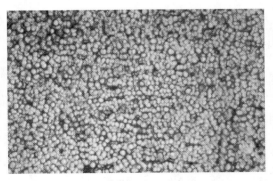

图 2-35　Ni-P-ZnO_2 复合镀层的表面 SEM（扫描电镜）照片

2.17.2　有哪些复合镀？——复合镀的种类与特征

　　复合镀的种类一般根据基体金属和分散颗粒的种类进行分类，基体金属最常用的是强韧兼具的电镀镍镀层或化学镀 Ni-P 镀层。

复合镀镀层根据其使用目的和微颗粒性质分类如表 2-30 所示。

表 2-30　复合镀层的用途及微颗粒的种类

用　途	母体金属	分散微颗粒
硬质耐磨表面	电镀镍（或钴）、电镀 Ni-W 合金、化学镀 Ni-P	钻石 碳化硅（SiC） 三氧化二铝（Al_2O_3）
硬质导电表面	电镀金、电镀铜	钻石
平滑且润滑的表面	电镀镍、化学镀 Ni-P	聚四氟乙烯（PTFE） 氮化硼（BN） 二硫化钼（MoS_2） 含油胶囊
发光性表面	电镀镍、化学镀 Ni-P	荧光性颗粒 磷光性颗粒

2.17.3　复合镀如何操作？——复合镀的施镀方法

复合镀是在含有亚微米级分散颗粒的镀浴中采用电镀或化学镀进行施镀的工艺。其中最关键的就是要保证在施镀过程中微颗粒尽可能地分散。操作中需要在防止微细颗粒凝聚的同时，微细颗粒还必须在液体中保持稳定的悬浮状态。

为了使分散颗粒不会凝聚，亚微米级颗粒必须进行化学预处理或者在浴液中添加特殊的分散剂。在此基础上，还需要采用机械搅拌或空气搅拌来防止其重力沉降。

2.17.4　复合镀都有哪些镀浴？——各种复合镀浴成分

表 2-31 为复合镀浴成分。分别为化学镀 Ni-P 和碳化硅微颗粒所组成的化学镀 Ni-P-SiC 复合镀浴，电镀 Ni-W 合金镀和碳化硅微颗粒所组成的 Ni-W-SiC 复合镀浴以及化学镀 Ni-P 和 PTFE 微颗粒所组成的化学镀 Ni-P-PTFE 复合镀浴。颗粒的粒径一般为 $0.1 \sim 1\mu m$，最近已经开始了纳米级微颗粒复合镀（纳米复合材料的复合镀层）的研究。

表 2-31　复合镀浴成分

化学镀 Ni-P-SiC		电镀 Ni-W-SiC		化学镀 Ni-P-PTFE	
硫酸镍	20g/L	硫酸镍	40g/L	硫酸镍	3g/L
次磷酸镍	30g/L	钨酸钠	65g/L	次磷酸镍	30g/L
甘氨酸	15g/L	柠檬酸铵	30g/L	草酸钠	2g/L

续表 2-31

化学镀 Ni-P-SiC		电镀 Ni-W-SiC		化学镀 Ni-P-PTFE	
葡萄糖酸钠	10g/L	SiC（0.8～1.5μm）	30g/L	酒石酸	4g/L
硼砂	40g/L	pH 值	6.0	聚四氟乙烯	2g/L
SiC（1～3μm）	10g/L	镀浴温度	70℃	表面活性剂	适量
pH 值	5～6	电流密度	20A/dm²	pH 值	5.0
镀浴温度	85℃			镀浴温度	80℃

注：电镀 Ni-P-SiC 镀层的硬度（HV700）要高于母体 Ni-P 的硬度（HV500）。电镀 Ni-W-SiC 镀层的硬度可达到化学镀 Ni-P-SiC 镀层的硬度。化学镀 Ni-P-PTFE 镀层的润滑性及耐剥离性优异。各个镀浴中的微颗粒均需要良好分散。

2.18 热浸镀

2.18.1 什么是热浸镀？——热浸镀的特征与用途

热浸镀简称热镀，是把被镀件浸入到熔融的金属液体中，在被镀件表面形成金属镀层的一种工艺方法。例如将锌加热熔融，然后将洁净的钢铁工件浸入，则会在工件表面形成一层纯锌镀层。

所谓的铁皮屋顶采用的就是热浸镀锌波纹钢板。热浸镀可以得到比电镀（10μm 以下）更厚的镀层（50μm 以上）。另外，由于热浸镀采用的是与电镀完全不同的浸渍操作，因此小至螺丝大至建材均可施镀。汽车用钢板、线材等也通常采用连续热浸镀法进行施镀。

2.18.2 热浸镀锌的施镀工艺

钢铁材料防腐用的热浸镀，按照如下工艺施镀。图 2-36 为线材连续热浸镀生产流程示意图。

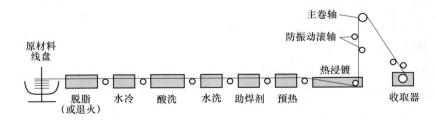

图 2-36 钢线连续热浸镀锌生产流程

（1）脱脂：与电镀施工同样，首先对工件表面附着的油渍等进行碱性脱脂。脱脂液为高温的氢氧化钠或原硅酸钠溶液。

（2）酸洗：采用热硫酸或盐酸溶液去除钢铁表面的氧化膜。氢氟酸可溶解硅，因此处理铸铁时需采用氢氟酸。

（3）溶剂处理（flux treatment）：为了获得良好的镀层，需要使熔融锌液能够与干净的基体表面进行充分接触。因此，在酸洗后首先需要浸入加热的助焊剂（flux）溶液中。助焊剂一般采用氯化锌、氯化铵或氯化锌铵混合物的水溶液。

（4）热浸镀：溶剂处理结束后，将工件浸入到熔融的锌液（420℃以上）中浸渍施镀。高温的浸渍处理导致钢铁基体和锌膜之间产生相互的金属扩散（如图 2-37 所示），形成铁锌合金层，使得锌层紧密地附着在母材表面。锌的附着量与浸渍温度和时间有关（如表 2-32 所示）。锌的附着量决定了镀锌钢板的耐腐蚀性。

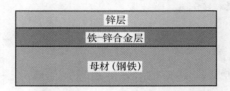

图 2-37　热浸镀锌层的断面示意图

表 2-32　锌热浸镀的附着量及其分类（JIS H 8641）

种类	符号	硫酸铜试验次数①	附着量/g·m^{-2}	平均镀层厚（参考）/μm
1 类 A	HDZ A	4 次	—	28~42
1 类 B	HDZ B	5 次	—	35~49
2 类 35	HDZ 35	—		49
2 类 40	HDZ 40	—	350 以上	56
2 类 45	HDZ 40	—	450 以上	63
2 类 50	HDZ 40	—	500 以上	69
2 类 55	HDZ 40	—	550 以上	76

注：热浸锌镀层的品质决定于锌的附着量（镀层厚度）。附着量越高，镀锌钢板的寿命越长。
①硫酸铜试验（JIS H 0401），采用硫酸铜水溶液浸渍，将置换析出的铜，采用刷子重复刷掉的试验方法。

（5）后处理：为了进一步提高热浸镀锌的耐腐蚀性，还可以进行铬酸盐处理或磷酸盐处理。

2.18.3　锌之外的热浸镀——其他热浸镀

铝热浸镀、锡热浸镀的施镀工艺几乎与锌热浸镀相同。铝热浸镀可抵抗大气中硫化氢和亚硫酸气体的腐蚀，耐热性也十分优异。其他金属热浸镀的特征如表 2-33 所示。

表 2-33 其他金属的热浸镀和特征

熔融金属种类	特 征
熔融铝	耐候性、耐热性极佳。用于汽车消声器及排气系统，家电炊具
熔融锡	对食品类有机酸非常稳定，锡热浸镀钢板又称马口铁板，主要用于食品罐头等包装容器
熔融锡-铅合金	采用铅-锡（15%~20%）合金热浸镀钢板的耐腐蚀性、镀层附着性、加工性、涂装性以及钎焊性俱佳

2.19 气相沉积（PVD、CVD）

2.19.1 不用水溶液的干式施镀法——气相沉积

最初的气相沉积法主要是真空蒸镀法，即将成膜物质（靶材）置于真空中加热蒸发或升华，使之在工件或基片表面上沉积成膜的方法。但是这种方法沉积速度极慢，无法工业化推广。随着真空蒸镀法工艺的不断改进，开发出了离子镀法。以此为契机，气相沉积法获得了快速的发展。

目前，气相沉积法有与真空蒸镀法原理相同的物理气相沉积法（PVD）和利用高温热化学反应的化学气相沉积法（CVD）这两种表面沉积方法。PVD 与CVD 的主要特征如表 2-34 所示。

表 2-34 PVD 与 CVD 镀层形成法的特征

项 目	PVD（低温处理）	CVD（高温处理）
优点	（1）基材不会过热软化； （2）工件尺寸无变化； （3）蒸镀速度快	（1）工件整体被蒸镀； （2）可形成多层镀层； （3）因形成扩散层，基体与镀层附着力强； （4）可大量处理，成本较低
缺点	（1）背侧面、孔洞无法施镀； （2）成本高	（1）界面产生变质，强度下降； （2）基材变形、软化； （3）镀层可能过厚导致裂纹、剥离
适用基材	工具钢	硬质合金

2.19.2 物理气相沉积

（1）真空蒸镀法：以前一般采用电加热方式将金属材料加热蒸发，现在大多改为采用将高压电子束直接照射至金属靶材使之加热并蒸发的方法。高压电子束可以采取扫描的方式照射从而避免靶材浪费。

（2）离子镀法：采用直流电压，将上述真空蒸镀法的靶材设置为阳极、被覆工件设置为阴极，可极大提高靶材金属离子的逸出速度，提高施镀速度（如图2-38所示）。

（3）离子溅射法：在电场加速下，用氩离子高速轰击金属靶，使金属靶原子溅射到样品的表面，形成镀膜的方法（如图2-39所示）。靶材可使用化合物，具有应用范围广的特点。

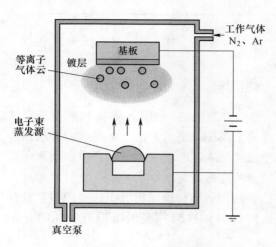
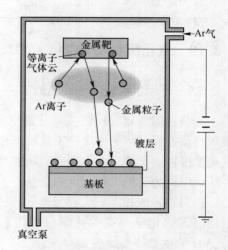

图 2-38　离子镀装置示意图　　　　图 2-39　离子溅射装置示意图

2.19.3　化学气相沉积

（1）热化学反应法：将液态四氯化钛蒸发，添加甲烷或氮气等作为碳源或氮源，然后将需施镀材料放入高温反应室中。通过下述的高温热化学反应，可在材料表面形成极硬的碳化钛或氮化钛镀层的方法（如图2-40所示）。

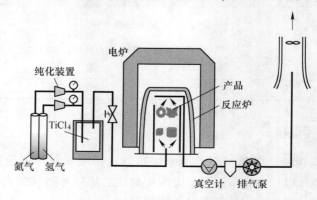

图 2-40　CVD 热化学反应法镀膜装置示意图

$$2TiCl_4 + CH_4 + 2H_2 \longrightarrow 2TiC + 8HCl(1000℃ 左右)$$

$$2TiCl_4 + N_2 + 4H_2 \longrightarrow 2TiN + 8HCl(1000℃ 左右)$$

由于反应发生在基材表面上，因此具有良好的镀覆性。可制成耐高温硬质合金镀层。

采用甲烷等碳源和具有还原作用的氢气，可制造出金刚石膜。最近，由于被称之为 DLC（diamond like carbon）的类金刚石的镀层具有优异的润滑性能，已经开始在各种各样的机械零件中获得应用（如表 2-35 所示）。

表 2-35　气相沉积镀层特性一览

镀层种类	颜　　色	硬度 HV	摩擦系数	用　　途
TiN	金色	2000~2400	0.45	切削工具、模具、装饰品
CrN	银白色	2000~2200	0.30	机械零件、模具
TiC	银白色	3200~3800	0.10	切削工具
TiCN	紫罗兰色~灰色	3000~3500	0.15	切削工具、模具
ZrN	白金色	2000~2200	0.45	装饰品
DLC	灰色~黑色	3000~3500	0.08	切削工具、模具、功能镀层

注：气相沉积镀层中，DLC 具有硬度高和摩擦系数低的特点。

（2）等离子体化学气相沉积 CVD（plasma chemical vapor deposition）：是指采用高频电场激发等离子体，再用等离子体激活反应气体，促使其在基体表面或近表面空间进行化学反应，生成固态镀层的技术（如图 2-41 所示）。

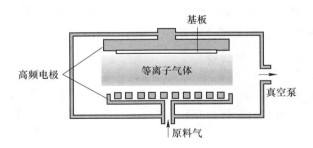

图 2-41　等离子体 CVD 镀膜原理示意图

按照产生等离子体的方法，分为射频等离子体、直流等离子体和微波等离子体 CVD 等。该技术可在较低的温度下形成致密的镀膜，也可以采用不同热分解温度的材料形成成分各异的镀层。

镀锌钢板与马口铁钢板的区别在哪里？

镀层钢板中常用的有镀锌钢板和马口铁钢板两种，镀锌钢板是钢板表面镀锌，而马口铁钢板则是钢板表面镀锡。两者的不同可以从以下各金属的离子化倾向水平看出。

镀锌铁板屋顶和马口铁罐头如图 2-42 所示。

(a)　　　　　　　　　　　　　　　　(b)

图 2-42　镀锌铁板屋顶（a）和马口铁罐头（b）

Li K Ba Ca Na Mg Ti Be Al Mn Zn Cr Fe Cd In Co Ni Sn Pb （H） Cu Ag Pd Pt Au

按照离子化倾向，左侧位置的金属被称之为贱金属，更容易被氧化，而右侧的金属则难以被氧化。锌（Zn）比铁（Fe）的离子化倾向高，更容易被氧化变成离子，也就是说更容易生锈，与铁在一起锌会首先生锈使铁获得保护。因此，我们一般采用镀锌防锈钢板做屋顶等。

而锡（Sn）比铁的离子化倾向低，是较难被腐蚀的金属，因而具有能长期保持金属光泽、耐弱酸性腐蚀的能力。因此，马口铁钢板一般多用于兼具装饰性的日用品材料的使用。由于其具有较好的耐酸腐蚀性能，一般亦多用于食品罐头包装材料使用。

镀锌钢板在加工过程中即使受到损伤，可以作为牺牲性阳极保护钢铁基体不会受到腐蚀。而马口铁钢板如果镀层受到擦伤或针孔损伤，铁基体就会受到腐蚀，因此在使用过程中必须注意。但由于锡的熔点较低（232℃），高于锡熔点的高温油会将针孔等受损部位镀层上的锡熔化而修补缺陷。

目前实用化的镀层，比铁的离子化倾向低的马口铁型镀层较多，如镍、铬、铅、铜、银、金镀层等；而镀锌型的镀层则有镀铝钢板。

3 各种功能的镀层

3.1 镀层的各种力学功能（耐磨、润滑·减摩、修补用镀层）

3.1.1 耐磨性镀层

为提高零件表面的耐磨性而制备的镀层有以下几种。

（1）镀铬：工业上一般称为硬铬镀层或工业用铬镀层，在对耐磨性要求较高的滑动部件中，如印刷、压延、造纸辊、模具等方面获得了广泛的应用。

（2）合金镀：采用化学镀镍或 Ni-W 合金镀所获得的热硬化性镀层，被广泛应用于耐磨性工业领域（如图 3-1 所示）。一般来说，镀层硬度越高，耐磨性越好。从图 3-1 可以看出，不同 W 含量的 Ni-W 合金镀层的硬度虽然有所差别，但是 44%W 的镀层具有最高的硬度。

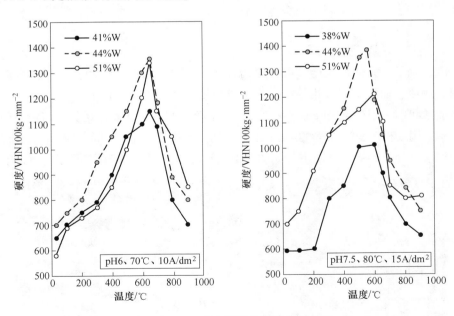

图 3-1　Ni-W 合金镀的热硬性变化曲线

（3）复合镀：在镀浴中添加 SiC、金刚石等微颗粒粉末，使之在镀层中共析。Ni-SiC 复合镀层已在赛车发动机中获得了应用。化学镀镍中共析聚四氟乙烯等的复合镀层则兼具润滑性和耐磨性双重功能。Ni-W-SiC 复合镀是专为飞机起落架齿轮开发的复合镀层（如图 3-2 所示），从图中可以看出，其具有比硬质铬镀层高得多的硬度。

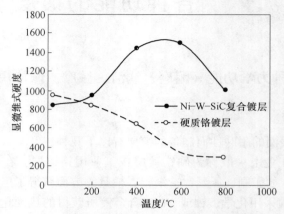

图 3-2　Ni-W-SiC 复合镀层的硬度随热处理温度的变化

（4）气相沉积：采用气相沉积法很容易获得碳化钛（TiC）、氮化钛（TiN）这样的高硬度镀层，车刀和钻头等产品业已广泛使用了这些超硬合金镀层。

3.1.2　润滑·减摩镀层

滑动轴承所采用的合金镀层为锡铅合金，其中还添加有锑和铜。锡铅合金镀层用于润滑，而银、锡、铅等镀层亦可单独用于润滑镀层使用。

通常我们采用镀铬来降低摩擦系数，达到降低材料表面摩擦系数的目的。但最近开始采用气相沉积法获得的 DLC 镀层，其比镀铬层具有更低的摩擦系数。目前 DLC 镀层已经开始被广泛使用（如图 3-3 所示）。DLC 镀层具有以下优异的性能：

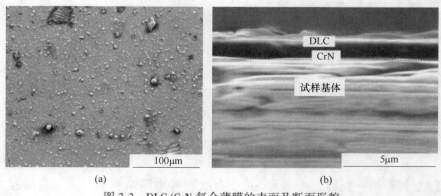

(a)　　　　　　　　　　　　　　(b)

图 3-3　DLC/CrN 复合薄膜的表面及断面形貌
（a）表面形貌；（b）断面形貌

（1）高硬度、高耐磨性；

（2）无润滑条件下的低摩擦系数；

（3）不会磨损对摩材料；

（4）化学性能非常稳定；

（5）不会产生烧蚀或黏连；

（6）抵抗腐蚀性气氛的腐蚀。

另外，减摩性优异的聚四氟乙烯树脂、润滑性优异的二硫化钼（MoS_2）复合镀层以及故意适当扩大镀铬裂纹并在其裂纹中填充聚四氟乙烯的复合镀层等的应用也在普及。

3.1.3　磨损部件的修复镀

量产的机械零件一般都有更换的备件，但是如果使用现场没有备件又必须尽快修复时，这时就可利用镀镍或镀铬来修复被磨损的部位。这种利用镀层将磨损部件再生的方法我们称之为修复镀。例如，对于钢铁轧辊这样磨损严重的部件，我们现在就可以采用硬铬修复镀多次进行修复。

3.2　电子行业用镀层Ⅰ——印刷电路板的镀覆技术

3.2.1　什么是印刷电路板？——印刷电路板的结构

我们身边的电器产品，均是由印刷电路板及其上面焊接的电子元件所连接并驱动。印刷电路板的英文简称为 PCB（printed circuit board）或 PWB（printed wiring board）。其以绝缘板为基材，裁剪成一定的尺寸，其上至少附有一个导电图形，并布有孔（如元件脚线插孔、紧固孔等），用来代替以前安装电子元器件的底座，并实现电子元器件之间的相互连接。由于这种电路板是采用电子印刷术制作而成，故被称为印刷电路板。

在印刷电路板出现之前，例如百年前的收音机时代，真空管、电阻、电容等元件均采用手工操作将铜线钎焊在一起。印刷电路板就是在绝缘板上印刷的铜导线回路。图3-4为电子元器件安装前的印刷电路板照片。在安装组件之前，印刷电路板上仅镀金或镀钎焊锡合金，而铜线回路部分则被保护膜（阻焊剂）所覆盖。虽然称之为印刷，实际上其制作方法是采用将覆铜基板腐蚀做成回路的方法，并不是像图书那样的印刷，但其结果就像跟印刷出来的电路一样。

目前的印制电路板已经从单层板发展到双面板、多层板和柔性板，并不断地向更高精度、更高密度和更高可靠性方向发展。图3-5为四层板印刷电路板的截面示意图。将半导体元件（半导体 IC）的引脚插入贯通孔中，从基板下部吹入熔融的钎焊合金进行固定连接。

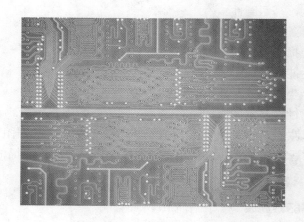

图 3-4   电子元件搭载前的印刷线路板

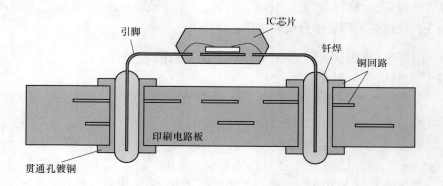

图 3-5   搭载电子元件的四层板印刷电路截面示意图

图 3-6 为四层板的断面 SEM 扫描照片。印刷电路板的标准厚度为 1.6mm，这

图 3-6   四层板断面的 SEM 扫描照片

是四层板的合计厚度。由于极薄的夹层会对配线带来各种影响，因此各层的结构和配置就显得非常重要。

3.2.2　印刷电路板使用的都是什么材料？

印刷电路板由基板和铜导线组成。基板分为非变形刚性基板和柔性基板两大类，这里以非变形刚性基板为例进行说明。刚性覆铜基层板的基板由玻璃纤维增强环氧树脂（玻璃纤维布环氧树脂半固化片）制成，上下两面附有厚约 $35\mu m$ 的铜膜，总厚度约为 $1.6mm$。长宽为 $1.0m\times1.2m$ 被称为标准覆铜基层板。根据使用目的不同在标准覆铜基层板上裁剪使用。

3.2.3　印刷电路板的制造工艺

最简单的双层印刷电路板的制造工艺如下（如图 3-7 所示）：

（1）开料：标准基层板→按要求切板→铜板→磨边→出板。

（2）开孔：采用高速钻头，在基层板的所定位置上钻孔。

（3）沉铜：将基板两面电导连接。首先采用化学镀将孔壁施镀薄铜层，使之导电（通孔镀铜），然后再采用电镀方式加厚镀铜层。

（4）覆膜→刻蚀：在基板两面贴上感光膜，用电路图的正图像曝光后，显影形成电路图案掩膜。再利用化学反应法将非线路部位的铜层腐蚀去除。

（5）完成处理：刻蚀后去除掩膜，得到最终的印刷电路板。

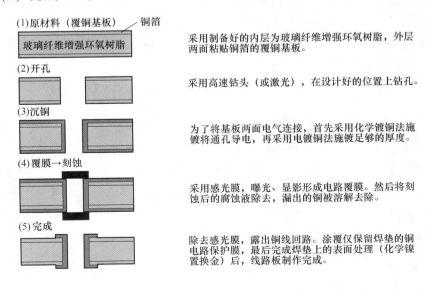

图 3-7　双面印刷电路板的制作流程

3.3 电子行业用镀层Ⅱ——电子元件连接用镀层技术

3.3.1 电子芯片安装在基板上的方法Ⅰ——波峰焊和回流焊

图 3-8 为将电子元器件引脚插入印刷电路板上的通孔内，再采用波峰焊钎焊的示意图。将空气或氮气加热到足够高的温度后将熔融焊料吹向已经插好的元件并涂覆了助焊剂的线路板，焊料由于虹吸效应在通孔内上升，将元器件与基板钎焊连接。不论是引脚表面还是通孔表面，均必须预先采用对焊料浸润性优异的锡、锡合金镀层或者是 Ni-Au 镀层进行表面处理。

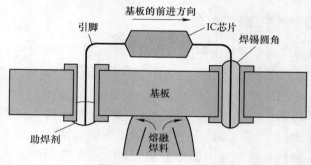

图 3-8　波峰焊示意图

图 3-9 是将平面元件焊接到基板表面焊盘上的回流焊的原理图。与波峰焊相同，引脚和焊盘部位均需要预先对焊料浸润性优异的锡、锡合金镀层或者是 Ni-Au 镀层进行表面处理，在其上涂覆焊锡膏，再将引线加热进行回流钎焊（reflow）连接。

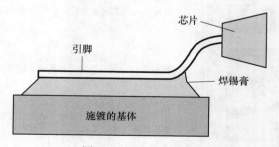

图 3-9　回流焊原理图

3.3.2 电子芯片安装在基板上的方法Ⅱ——利用压焊连接半导体芯片

压焊又称引线键合（wire bonding），是一种使用细金属线，利用热、压力、超声波等能量使金属引线与引线框紧密焊合，实现芯片与基板间的电气互连和芯片间信息互通的工艺方法。在理想控制条件下，引线和引线框之间会发生金属原子间的相互扩散，从而使两种金属间实现原子量级上的结合。图 3-10（a）为其断面图，图 3-10（b）为其俯视图。引线使用直径约 $25\mu m$ 的金线或铝线，采用热压方式将芯片的电极与引线框（镀金）相连。引线框上结合部需要采用引线键合性能优异的高纯度金、银或钯镀层。

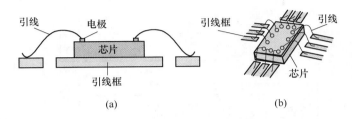

图 3-10 引线键合连接示意图

（a）断面图；（b）俯视图

3.3.3 电子芯片安装在基板上的方法Ⅲ——利用焊锡凸块连接半导体芯片

图 3-10 所示的压焊连接芯片，在芯片对接后，可采用波峰焊（如图 3-10 所示）方式与基板连接。而如图 3-11 所示的焊锡凸块法（solder bump），是利用在芯片下面预先配置好的钎焊球，将芯片与基板上的回路直接连接。半导体芯片与钎焊球的连接，需要进行被称为 UBM（under bump metallization）的化学镀镍+闪金镀的表面处理。UBM 的作用是防止扩散发生。另外，导线回路上的焊盘，也需要进行提高钎焊性能的镀层处理。

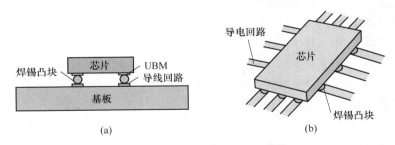

图 3-11 焊锡凸块法连接示意图

（a）断面图；（b）俯视图

3.3.4 电子芯片安装在基板上的方法Ⅳ——利用各向异性导电膜连接半导体芯片

各向异性导电膜如图 3-12 所示，将微细金属颗粒或者带镀层的树脂颗粒分散到黏结剂中形成同时具有导电、绝缘、黏结三种功能的高分子膜。颗粒表面采用化学镀 Ni-Au 镀层。

　　将欲连接的电极之间对准热压后，电极间导电膜被压缩，通过导电性颗粒直接接触实现电极间连接。而无电极部位因未被压缩，导电颗粒四周仍被绝缘胶包围，维持着绝缘状态。各向异性导电膜可仅仅赋予电极之间的导电性。

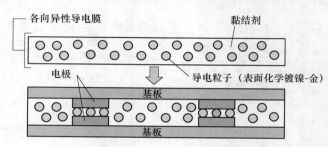

图 3-12　各向异性导电膜连接示意图

3.4　电子行业用镀层Ⅲ——印刷电路板的镀铜技术

3.4.1　通孔对镀铜的要求——通孔用硫酸铜镀层

　　表 3-1 为两种类型硫酸铜镀浴的示例。标准浴为塑料镀浴等装饰性镀铜所使用的镀浴，高抛浴（high throw bath）为改良的硫酸铜镀浴。镀浴的均匀电沉积性能，又被称之为投掷力，英文采用 "throwing power" 来表示。这里采用棒球中的名词表示的是电流难以到达部位的镀层施镀能力。因此，高抛浴指的是电沉积性优异的镀浴。如果重视镀层的外观，一般使用标准浴，而如果重视镀层的均匀性（如通孔内施镀），则需要采用高抛浴。图 3-13 为通孔断面及其镀层的分布示意图。贯通孔的内径为 0.3~0.8mm，绝缘基板的标准厚度为 1.6mm。如果采用标准镀浴，则会出现图 3-13（a）所示的镀层集中在孔的入口处，形成通孔内部铜层薄厚不均匀的镀铜层现象。因此，采用高抛浴会明显改善镀铜层分布，获得较为理想的镀铜层（如图 3-13（b）所示）。

表 3-1　硫酸铜镀浴的成分与条件

成分（条件）	标准浴	高抛浴
硫酸铜/g·L^{-1}	160~220	60~110
硫酸/g·L^{-1}	40~80	150~230
氯离子/g·L^{-1}	20~80	20~80
光亮剂	适量	
温度	室温	

续表 3-1

成分（条件）	标准浴	高抛浴
搅拌	空气搅拌	
电流密度/A·dm^{-2}	2~6	1~2

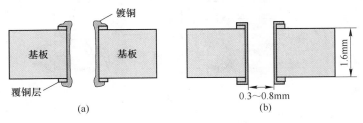

图 3-13　贯通孔内的镀层分布

（a）均匀性差；（b）均匀性好

图 3-14 是实际贯通孔镀层的断面 SEM 照片。贯通孔内部的镀层厚度一般要求为 25μm。贯通孔内壁的镀铜层可将基板的上下层和内部电路连通。贯通孔孔径（D）与基板厚度（T）的比（T/D）被称为厚径比，厚径比越大，则孔壁施镀越困难。

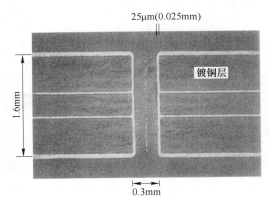

图 3-14　贯通孔镀铜层断面 SEM 照片

3.4.2　什么是盲孔（via hole）？——盲孔镀铜

图 3-15 是采用层积法制作的八层印刷线路板断面示意图。积层法多层板（build up multilayer PCB，BUM）指在绝缘基板上或传统的双面板或多层板上，采取涂布绝缘介质再经过化学镀铜和电镀铜形成导线及连接孔，如此多次叠加，累积形成所需层数的多层印制板。板之间的上下回路通过盲孔（via hole）相连接。

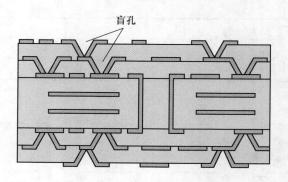

图 3-15　利用盲孔进行层间连接

　　基板上各绝缘层通过激光打孔，再通过化学镀铜-电镀铜在孔壁上覆铜，将上下回路连通。与传统的通孔相比可大大节省空间且可实现相互自由连接。因此，最新的高密度回路均采用盲孔连接方式。

3.4.3　填充覆盖是什么？——从保形覆盖到填充覆盖

　　图 3-16（a）为沿着孔壁轮廓等厚镀层的保形覆盖（conformal via）断面照片。采用这种方法，施镀后需要进行盲孔填充工序。通过改良硫酸铜镀浴添加剂的成分，可达到填充盲孔的镀铜填充覆盖（filled via）（如图 3-16（b）所示）。这样就省略了盲孔填充工序，提高了连接的可靠性。

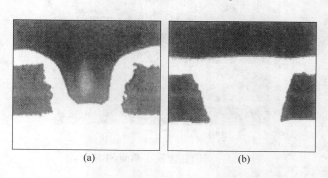

(a)　　　　　　　　　　　　(b)

图 3-16　保形覆盖与填充覆盖断面照片
（a）保形覆盖；（b）填充覆盖

　　图 3-17 为填充覆盖添加剂的作用示意图。填充覆盖镀铜时，如果不添加相应的添加剂，则会出现如图 3-17（a）所示的在入孔处产生镀层集中，最终生成孔洞的现象。而添加相应的添加剂（如：抑制剂 PEG、促进剂 SPS）后，抑制剂 PEG 会抑制盲孔表面镀层的产生，而促进剂 SPS 则会促使孔底施镀。

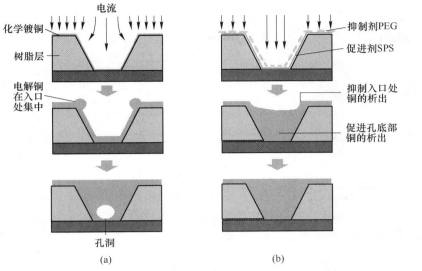

图 3-17 填充覆盖中添加剂的作用

（a）未添加添加剂；（b）添加添加剂后

扫一扫看彩图

3.5 镀层的热、光功能

3.5.1 耐热镀覆

  不同金属之间的耐热性差别较大（见表 3-2）。耐热性镀层曾经主要采用耐高温氧化性能优异的铬层，但其在 400℃ 以上时硬度（如图 3-18 所示）和耐磨损性能下降较大。这是由于镀层中的氢元素逸出所致，因此在高温使用情况下需要特别注意。

表 3-2 各种金属的熔点和沸点

金 属		熔点/℃	沸点/℃
Au	金	1063	2856
Co	钴	1478	2924
Cr	铬	1907	2671
Cu	铜	1083	2563
Fe	铁	1539	2863
Mo	钼	2622	3700
Ni	镍	1455	2913
Pb	铅	328	1749

金　属		熔点/℃	沸点/℃
Pt	铂	1768	3815
Rh	铑	1964	3695
Sn	锡	232	2602
W	钨	3322	5555
Zn	锌	419	907

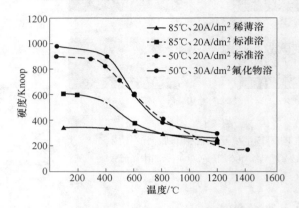

图 3-18　镀铬层硬度随加热温度的变化

Cr-C 合金镀层由于采用三价铬浴或含有有机物的六价铬浴进行施镀，显示出优异的热硬化性，因此作为耐热性镀层开始获得了部分应用。

耐热性优异的金属有铬、钨、钼等，其还具有沸点高的特点。

除此以外，其他耐热性镀层还有 Ni-W 合金镀层、Cr-Co 合金镀层，复合镀中有将 CrC 粉末共析到 Co 中的 Co-CrC 复合镀层、将 SiC 粉末共析到 Ni-W 合金中的 Ni-W-SiC 复合镀层。Ni-W 合金镀层也具有优异的热硬化性而被用于玻璃模具。

3.5.2　热传导性优异的镀层——热传导镀层

导电性好的金属，其导热性一般也优良。将常用的金属热导率（W/（m·K））进行对比，其顺序为银（420）、铜（398）、金（320）、铝（236）、镍（91）、铁（84）、不锈钢（18）。不锈钢只有铜的热导率的 1/20，因此有些不锈钢平底锅产品的底部采用厚铜镀层来改善其热分布均匀性（如图 3-19 所示）。随着半导体集成电路性能的提高以及计算机 CPU 产生的热量逐渐严重，为了将电路布线从铝变为铜，电镀铜开始获得了应用。

图 3-19　锅底镀铜的不锈钢平底锅

3.5.3　光热反射或吸收镀层——热与光的反射/吸收特性

增加表面光洁度有利于提高金属对光和热的反射率。因此，这就需要将基体研磨抛光后，再进行光亮施镀。

取暖用煤油烤炉是日本家庭中最常见的利用热反射取暖的家电（如图 3-20 所示）。其利用在金属铝板上镀铬的光反射镜以及利用高反射率的镀银或镀铑的装饰镀层来提高热辐射效果。

太阳能发电系统中的太阳能吸收板主要用于吸收太阳的热和光（如图 3-21 所示）。在太阳能发电和太阳能热水器等利用太阳光的能源系统中，太阳能吸收板是不可缺少的一部分。该板采用的就是黑色镀铬技术。太阳光的吸收率和反射率分别以 α 和 ε

图 3-20　设置热反射板的
煤油烤炉

来表示，在 0~1 的范围内变化，吸收或反射越高其值就越接近 1。黑色镀铬的 α = 0.98，ε = 0.066。由于黑色镀铬的 α 值很高，因此非常适合于用作太阳能吸收板。该热吸收特性还被用于复印机部件和半导体生产装置中。黑色镀铬也用于装饰品镀层。

图 3-21　太阳能电池板

用于光吸收的光学镀层，除了黑色镀铬外，还有黑色 Ni-Sn 镀和黑色 Ni-Zn 镀，其光吸收率（α）均在 0.95~0.98 之间。

3.6　其他功能镀层——防渗碳、模具等的脱模性、抗菌性、附着性

3.6.1　防止渗碳硬化的镀层——防渗碳用镀铜

有些机械零件的生产，在渗碳处理后需要进行钻孔等机加工，这样可以采用镀铜处理来防止其后的机加工部位被渗碳而导致加工困难。由于碳无法固溶到铜基体中，即使在高温下碳元素也无法进入镀铜层，因此铜镀层部位下面的基体就不会被渗碳（如图 3-22 所示）。

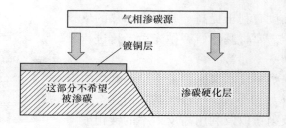

图 3-22　防止渗碳的镀铜

实验室等采用石墨坩埚融化铜，也是由于碳元素无法进入熔融铜溶液中的缘故。

3.6.2　模具与工件的防黏着镀层——提高模具脱模性的镀层

镀铬层表面会生成致密的氧化膜，其与塑料的附着性低，因此脱模性优异。另外，脱模性优异的含有聚四氟乙烯（PTFE）或含有氟化石墨粉末的复合镀也在实用化中（如图 3-23 所示）。

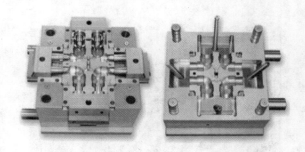

图 3-23　表面镀铬的塑料模具

3.6.3 具有杀菌能力的镀层——赋予镀层抗菌性

银或铜具有优异的杀菌效果。很久以来就有"硬币上杂菌不繁殖""铜壶里的水不腐败"这样的说法。瑞士的冯·奈杰里于19世纪末证明了微量铜离子具有杀菌作用。我们称之为微量金属的作用。银的杀菌效果也同样被这样证明。

"鞋子里放上一枚铜币具有脱臭效果""花瓶里放入铜可延长花开期"等这些生活上的小知识，都是微量金属的作用。最近，市面上已开发出采用镀银或铜的布料制作的袜子可有效防止脚气产生，以及含铜布料制作的口罩可有效杀灭冠状病毒的新产品报道。

具有光触媒作用的锐钛矿型二氧化钛（TiO_2），具有可分解有机物及亲水性能，可以应用于抗菌、消臭、水质净化、防治污染等方面。因此，采用二氧化钛微粉共析的抗菌性复合镀也开始被使用（如图3-24所示）。

图3-24　抗菌性锐钛矿型二氧化钛复合镀医用手术器械

3.6.4 提高附着强度的镀层——赋予附着性的镀层

汽车用子午线轮胎又被称为"钢丝轮胎"，轮胎内分布着高强度钢丝（如图3-25所示）。为了提高钢丝与橡胶的附着性，钢丝上采用镀黄铜工艺。现在一般采用的是分别镀铜与镀锌后，再通过热处理进行合金化。

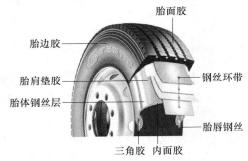

胎面胶
胎边胶
胎肩垫胶
胎体钢丝层
钢丝环带
胎唇钢丝
三角胶　内面胶

图3-25　子午线轮胎结构示意图

为保证钢铁材料表面与涂装涂料的附着性，钢铁表面一般采用磷化处理或者镀锌后铬酸盐处理。另外，采用环氧树脂或酚醛树脂粉末的复合镀层来提高与涂装涂料的附着性也获得了实际应用。

3.7　电铸法

3.7.1　电铸的工作原理与用途

电铸是利用金属的电解沉积原理来精确复制某些复杂或特殊形状工件的特种加工方法。英语是 electroforming 或 electro-casting，它是电镀的一种特殊应用。电铸由俄国科学家 Б. С. 雅可比于 1837 年发明。

在被称之为心轴（mandrel）或 master 的母型上施镀一定厚度的氧化膜或金属膜后，剥离镀层即可获得与母型相反的形状，这被称为铸模。将此铸模作为母型再次施镀，剥离后即可获得与最初母型相同的复制品（如图 3-26 所示）。电铸的具体流程如下：

（1）首先清洗母型各个部位。

（2）表面进行剥离用氧化膜或金属膜处理。

（3）按照要求厚度进行施镀。

（4）剥离镀层即可获得与母型相反的形状（铸模）。

（5）再按照要求厚度进行施镀。

（6）剥离镀层获得复制品。

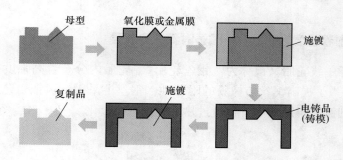

图 3-26　电铸法与母型复制品的制作流程

用于电铸的母型可以采用金属、塑料、木材、石材、石蜡、皮革、纸张等制作。母型采用金属时，为了使镀层容易剥离，金属表面必须进行氧化物、硫化物、碘化物、铬酸膜等预处理。

而采用塑料、石材和石蜡等非金属材料作为母型，因其表面必须赋予导电性，因此可采用银镜法、还原银喷雾法和溅射法等方法预制出金属膜。

电铸用金属一般多采用金属铜或镍，高速镍电铸一般采用高浓度氨基磺酸镀浴（见表3-3）。首饰行业一般采用金或银电铸。而对强度要求高的场合则采用 Ni-Co、Ni-P、Ni-Mn 合金电铸。

表 3-3 电铸用高浓度氨基磺酸镀浴

成 分	配 方	浓 度
氨基金属化合物	氨基磺酸镍 60% 溶液 $Ni(NH_2SO_3)_2 \cdot 4H_2O$	600g/L
氯化物	氯化镍 $NiCl_2 \cdot 6H_2O$	15g/L
pH 值	硼酸 H_3BO_3	35
有机硫化物	苯甲酸磺酸盐、链烯磺酸盐混合液	20mL/L
缺陷抑制剂	表面活性剂	3mL/L

电铸加工时需要注意以下事项：

（1）采用电铸法难以制成复杂形状的物品。

（2）有可能会产生膜厚不均的现象（电流分布不均造成）。

（3）电铸时所能使用的金属种类少。

（4）电镀应力有可能会造成镀层变形（导致成型不良或者精度低）。

（5）需要掌握精确控制内应力的方法（主要受镀浴成分和沉积条件的控制）。

（6）电沉积速度（数 μm/h～数十 μm/h）较慢，厚镀需要较长时间。

（7）高速镀会对镀层后的均匀性及内应力带来影响。

3.7.2 电铸方法生产的产品——电铸的应用实例

电铸法很早以前就被用于电唱机唱片的生产。随着电铸技术的进步和精度的不断提高，电铸法在其他许多领域也获得了广泛应用。

（1）精密模具：金属塑性加工、塑料成型以及金属铸造所要的精密模具，目前多采用电铸法制造。

（2）精密印刷版：纸币、旅行支票及其他有价证券等精密印刷用印刷版的制造。另外，厚铜电铸还用于凹版印刷用印辊的生产。

（3）光盘：音像制品中的光盘（CD、DVD）的制造（如图 3-27 所示）。每个轨道可录制 1010 比特以上的信息，一张光盘能记录 2 小时以上的影像信号。CD 和 DVD 等光盘，由保护层、反射层、上下绝缘层、记录层等多层结构所组成，其中记录层采用微细凹凸（pit）来记录数码信号。

（4）精细钢网：电铸钢网、电动剃须刀的外刃、各种精密筛的制造（如图 3-28 所示）。在心轴（mandrel）上涂覆光刻胶，然后贴上绘有需要图形的掩膜，曝光后制成抗蚀膜，然后在其上电铸施镀后剥离即可。

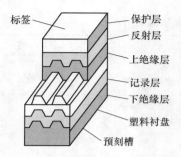

标签
保护层
反射层
上绝缘层
记录层
下绝缘层
塑料衬盘
预刻槽

图 3-27　采用 Ni 电铸法生产的 CD 光盘结构

图 3-28　电动剃须刀的外刃

电动剃须刀的外刃所用的材料，一般采用镀镍制造。由于电动剃须刀对舒适性、耐腐蚀性以及皮肤触感要求很高，现在高档剃须刀已经开始采用贵金属钯等材料。

知识栏

危险化学品基础知识

化学药品或试剂种类繁多，性质各不相同。其中具有毒害、腐蚀、爆炸、燃烧、助燃性质，对人体、设施、环境具有危害的化学品，称为危险化学品。

根据常用的化学试剂危险性质可粗略分为易燃化学品、易爆化学品、有毒化学品三大类。按此三大类进行分类存放和管理。

易燃化学品

易燃化学品包括可燃气体、易燃液体、易燃固体、易自燃物质、遇湿易燃物这 5 类。

常见的可燃气体有氢气、甲烷、硫化氢、乙炔、液化气等。

常见的易燃液体有汽油、乙醚、丙酮、乙醛、二硫化碳、甲醇、乙醇、苯、甲苯、石油醚、煤油、医用碘酒、氯苯、一甲胺、二甲胺等。

易燃固体有磷及其化合物（红磷、三硫化磷、五硫化磷）、硫磺、镁粉和铝粉、萘及其衍生物、氨基钠或氨基钾等。

易自燃物质有白磷、三乙基铝、叔丁基锂、硝化纤维（如电影胶片）、煤、含油脂的桐油、油纸等。

遇湿易燃物有碱金属（锂、钠、钾）和碱土金属（钙、锶等）以及其氢化物、硫化物、碳化物（电石）、硼氢化物及钠汞齐、三氯氧磷等。

易爆化学品

（1）易爆品。易爆品分为易爆化合物和易爆混合物两类。

易爆化合物有：1）乙炔类化合物（乙炔银、乙炔亚铜）；2）叠氮化合物（叠氮化钠、叠氮化铅）；3）雷酸盐类化合物（雷酸汞、雷酸银）；4）氯酸或高氯酸化合物（氯酸钾、高氯酸铵）；5）硝基化合物（三硝基甲苯、三硝基苯酚、二硝基萘）；6）硝酸酯类化合物（硝化甘油、硝化棉）等。

易爆混合物有：1）高氯酸和乙醇或其他有机物；2）高锰酸钾和甘油或其他有机物；3）铝粉和过硫酸铵；4）过氧化钠与镁、锌、铝粉、水、硫酸；5）金属钠或钾和水；6）硝酸和镁粉或碘化氢；7）密闭存放的硝酸和乙醇混合液。

（2）氧化剂和有机过氧化物。

1）无机氧化剂：过氧化物类，如过氧化钠；含氧酸及其盐，如硝酸盐、高锰酸盐、亚硝酸盐等。

2）有机过氧化物：过氧甲酸，过氧化二苯甲酰，过氧乙酸等。

有毒化学品

（1）有毒气体。如氯气、溴蒸气、氢氰酸、氟化氢、溴化氢、氯化氢、二氧化硫、硫化氢、光气、氨、一氧化碳等。

（2）腐蚀品。分为酸性腐蚀品（硫酸、硝酸、盐酸、氢氟酸、溴、磷酸）、碱性腐蚀品（氢氧化钠、氢氧化钾、氨水、氧化钙、氢氧化钙）和有机腐蚀品（甲醛、苯酚、甲酸、乙酸）。

（3）毒性物质。如三氧化二砷及其他砷化物，升汞及其他汞盐、氰化钾、氰化钠、氟化钙都是剧毒品，硫酸二甲酯、苯胺及苯胺衍生物等为有毒化学品。

施镀操作需要使用各种各样的药品，其中有许多属于非常危险的药品。按照日本"毒物及有害物律法"规定，具有强毒性的化学物质定义为毒物，而需要按照规定进行规范操作的化学物质为危险品。毒物中毒性巨大的物质为剧毒物，在购买和使用过程中受到严格控制（见表3-4）。

表3-4 施镀相关的毒物、危险品的案例

剧毒物	氰化氢、氰化钠、氰化钾、汞、硒、砷、氟化氢等
危险品	氨、盐酸、氯化亚汞、过氧化氢、过氧化钠、氢氟硅酸、四氯化碳、重铬酸、硝酸、溴、氢氧化钾、氢氧化钠、发烟硫酸、甲醛、甲醇、铬酸酐、硫酸等

通常采用半数致死量（LD_{50}）或者半数致死浓度（LC_{50}）来判断一种物质的急性毒性。其是指受试对象50%个体死亡所需的剂量（浓度）。单位为 mg/kg、

mg/m^3 或 mg/L（吸入毒性气体的浓度），如表 3-5 所示。

表 3-5　毒物与危险品的判定标准

摄取途径	毒物标准	有害物标准
经口	LD_{50} 为 50mg/kg 以下	LD_{50} 在 50mg/kg 以上，300mg/kg 以下
经皮肤	LD_{50} 为 200mg/kg 以下	LD_{50} 在 200mg/kg 以上，1000mg/kg 以下
吸入（气体）	LC_{50} 为 500mg/L（4h）以下	LC_{50} 在 500mg/kg 以上，2500mg/kg 以下
吸入（蒸汽）	LC_{50} 为 2.0mg/L（4h）以下	LC_{50} 在 2.0mg/L 以上，10mg/L 以下
吸入（粉尘、雾气）	LC_{50} 为 0.5mg/L（4h）以下	LC_{50} 在 0.5mg/L 以上，1.0mg/L 以下
皮肤·黏膜刺激性	—	硫酸、氢氧化钠、苯酚等

　　在施镀现场，需要特别遵守危险化学品的使用规范及安全规范。严格遵守规定要求就不会出现重大事故。无论是多么熟悉的操作，也一定不能忘记危险化学品的规范操作。

4 施镀操作工艺

4.1 施镀方法Ⅰ——挂镀和滚镀

4.1.1 电镀都有哪些操作方法？——主要电镀操作方式

电镀的主要操作方式为以下四种。

（1）挂镀：将工件用吊具（吊挂）挂起来施镀。

（2）滚镀：工件在滚筒内一边旋转滚动一边施镀。

（3）连续镀：将工件用金属线或传动带连接起来连续施镀。

（4）刷镀：将工件固定，在其局部施镀。

4.1.2 采用吊具的电镀——挂镀

挂镀亦称"吊镀"，这是使用吊具吊挂工件所进行的电镀方式。这是最常用的一种电镀方式。适宜大尺寸零件，每一批施镀的产品数量有限，镀层厚度10μm以上的镀覆。挂镀的电镀槽及其附属装置示意图如图4-1所示。

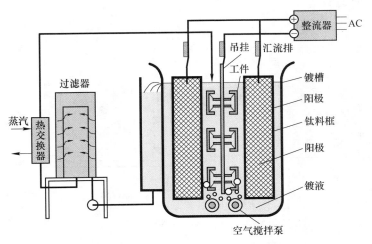

图 4-1 挂镀电镀槽及其附属装置原理

扫一扫看彩图

将工件吊装到吊具上，放置在镀槽中央，两侧配置放入金属钛料框的金属阳极。镀槽下部鼓入空气进行空气搅拌。镀液通过过滤器和热交换器循环过滤去除液内杂质以及保持适宜的液温。电镀用直流电流由整流器提供。

镀槽周围的附属装置如下：

（1）整流器：将交流电按照电镀要求变换成直流电。一般采用硅二极管的硅整流器。

（2）吊具：吊具有挂具、挂架、冶具等各种别称。电源通过阴极、电流汇流排（导电用铜板）、中央铜电缆、子电缆、不锈钢吊钩后传导至工件。除了与电流汇流排的连接部分以及与产品直接接触的挂钩部分外，其他部位均需严密包覆绝缘膜。

（3）镀槽：镀液的容器。由于镀液一般均为酸性或碱性，因此镀槽要求使用耐腐蚀性材料。

（4）阳极：图 4-1 所示的阳极为钛金属制篮筐中填充的可溶性金属球。金属钛不会被溶解，只有其中的可溶性阳极被电流溶解，并向镀液中提供施镀金属离子。

4.1.3　采用滚筒的电镀——滚镀

螺栓、螺帽、销钉、按钮等小零件的施镀一般采用如图 4-2 所示的滚筒（barrel）施镀装置。滚筒本身采用合成树脂，滚筒筒壁上开有许多小孔便于镀液进出。为使桶内工件的镀层均匀，滚筒一边旋转一边施镀。电源通过电源线阴极端插入到工件中供电。滚镀和过滤器等附属设备与挂镀相同。

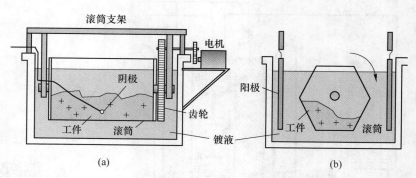

图 4-2　滚筒电镀装置原理
(a) 槽内滚筒侧面图；(b) 槽内滚筒断面图

图 4-2（a）所示的螺栓、螺母等小零件因无法采用挂镀法进行施镀，故通常装入塑料制滚筒内旋转施镀。采用插入尖端露出的电线进行通电。

滚筒分为回转滚筒、摇摆滚筒、震动滚筒等类型。图 4-2（b）中所示的为回转滚筒，通常断面为六角形。为了提高施镀质量，需要控制适当的旋转速度。

4.2 施镀方式Ⅱ——连续镀和刷镀

4.2.1 线材、带材等的电镀——连续镀

一般采用连续镀对线材或带材等连续材料进行施镀。图4-3（a）是通过液面的控制对连续带材进行局部施镀的示意图。图4-3（b）所示为卷轮式（reel to reel）连续镀装置示意图。从一端的卷盘旋转将线材提供给施镀装置，施镀结束后在设备另一端又被卷盘旋转回收。线材一般都是整体施镀，而带材或引线框大多是只对所需要部位进行部分施镀。特别是针对金、银、钯等这些贵金属，更需要采用掩蔽方法只对所需部位进行施镀。

局部施镀可大幅度节省原材料费用。图4-3（a）为通过调整液面高度进行部分施镀的示例，只有浸渍在镀液中的部分才能被施镀。

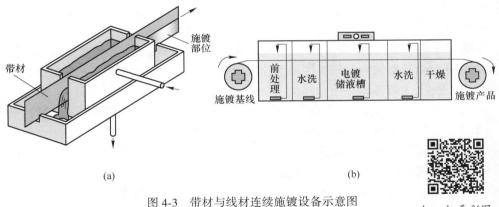

(a)　　　　　　　　　　　　　　　　(b)

扫一扫看彩图

图4-3　带材与线材连续施镀设备示意图
（a）带材部分施镀设备示意图；（b）线材卷轮式连续镀设备示意图

图4-4（a）为采用皮带鼓方式仅对带材中央部位进行施镀的示意图。鼓上的皮带采用绝缘的软质橡胶制成，带材与皮带接触的部分不会被施镀。镀层位置和宽度可采用皮带位置进行调整。

图4-4（b）为点镀法装置原理示意图。利用在硬质的塑料上橡胶罩的使用，可完成高精度微小点状施镀。由于橡胶为绝缘体，将精密加工制成带通孔的硅橡胶片贴到工件表面，则在通孔部位即能获得点状镀层。另外，贴上硅胶片进行施镀，施镀后揭开硅胶片后移动带材，这种施镀方式我们称之为步进重复式（step and repeat）施镀方式。该方法目前在半导体的引线框生产中被广泛使用。

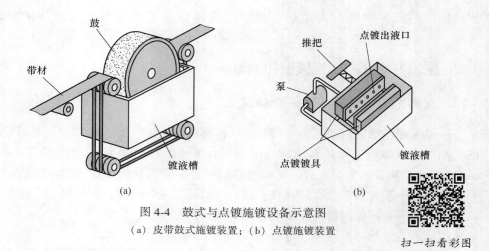

图 4-4　鼓式与点镀施镀设备示意图

（a）皮带鼓式施镀装置；（b）点镀施镀装置

扫一扫看彩图

4.2.2　像笔一样使用触控电极的施镀——刷镀

　　刷镀是电镀的一种特殊工艺，又称电刷镀、涂镀、选择镀等。它是依靠一个与阳极接触的垫或刷提供施镀所需要的电解液，垫或刷在被镀工件表面上移动的一种电镀方法。

　　图 4-5 为刷镀的原理图。石墨电极尖端包裹棉花或化纤，并吸收足量的电镀液，将其与整流器的阳极相连接，工件与阴极相连接，像拿笔写字那样施镀。该电极我们称之为镀笔。

　　图 4-6 为内燃机气缸筒上局部刷镀镍的刷镀示意图。施镀下方设置容器，利用泵送将镀液重复循环利用。刷镀是一种不需要镀槽的常温快速电镀方法，依靠镀笔提供电沉积金属镀层所需要的镀液，镀笔所到之处能快速沉积金属镀层。改变镀液种类或操作参数，就可沉积出满足不同性能要求的金属镀层。目前的刷镀方式可做到服役现场施工。无需拆卸零部件，可以进行现场修复。设备不解体、工件不升温、不变形。刷镀层与基体的结合力强。

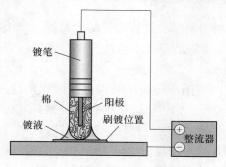

图 4-5　镀笔刷镀原理示意图

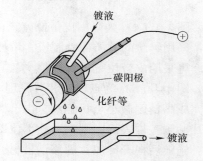

图 4-6　内燃机气缸筒局部刷镀修复示意图

4.3 施镀方式Ⅲ——化学镀

4.3.1 化学镀是怎么施镀的？——化学镀装置

图4-7为典型的在 80~90℃ 下进行的 Ni-P 化学镀装置示意图。化学镀与电镀不同的是化学镀不需要供电，因此如图4-7所示将工件用不锈钢挂具吊装或放入不锈钢吊框内浸入镀液中即可。化学镀液槽一般采用不锈钢制造。

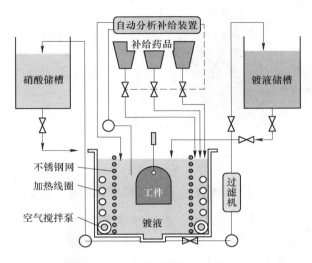

图 4-7　化学镀装置示意图

为了使不锈钢槽表面不会被施镀，一般采用50%的硝酸进行镀槽表面钝化处理。施镀操作结束将镀液移至镀液储槽后，需要采用稀硝酸将镀槽壁上附着的镍溶解，并再次对不锈钢镀槽表面钝化。然后将硝酸返回到硝酸槽，不锈钢镀槽用清水清洗后，再将镀液返回。

小型镀槽的镀液加热一般采用电加热方式，大型镀槽则一般采用蒸汽加热方式。为了防止高温加热管表面被施镀，加热管附近通常采用空气搅拌。工件采用不锈钢制吊具或者篮筐放入镀液中。

图4-8为实际使用的化学镀生产线装置照片。

由于化学镀施工时的工件表面会产生大量的氢气，因此通常会采用震动方式防止气泡在工件表面上附着。一般采用自动分析补给装置保证镀液成分的相对稳定。根据不同施镀工件材质不同，其前处理会有所差别。图4-9为一般钢铁材料表面化学镀镍的工艺流程。钢铁材料的化学镀前处理几乎与电镀的前处理相同，但其他材料的前处理会有所不同。

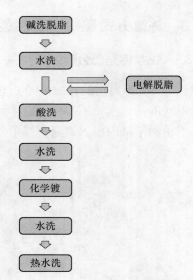

図 4-8　化学镀生产线装置　　　　　図 4-9　钢铁材料化学镀的施镀工艺

4.3.2　非钢铁材料都是怎样施镀的? ——不同材质的前处理方法

（1）金属铝：对金属铝施镀时，直接施镀无法获得致密的镀层，因此在脱脂处理后必须首先进行锌置换处理（锌酸盐处理），水洗后再进行化学施镀。

（2）金属铜或铜合金：铜材前处理后直接放入化学镀浴内将不会被施镀，因此还需要预电镀镍或者化学镀镍。

（3）不锈钢：碱液脱脂，再在浓盐酸液中浸渍后，放入强酸性氯化镍浴中电镀镍，然后再进行化学镀镍。

4.4　不同材料的施镀工艺

4.4.1　工件的安装与拆卸工艺——部分投入和回收作业

施镀方式虽然多种多样，但是工件的安装操作都是相同的。图 4-10 所示为挂镀的吊具照片。施镀后还需要拆卸回收工件作业。

对于较大的工件，一般采用手工操作将工件安装在吊具上。

图 4-11 为滚镀设备专业滚筒的照片。

4.4.2　钢铁材料工件的施镀工序

虽然不同金属材质的施镀工艺各种各样，但大致可分为以下工序。每个工序之间都有水洗工序。

图 4-10 挂镀的吊具

图 4-11 滚镀的滚筒设备

（1）脱脂、清洗工序：去除工件表面附着的油污。

（2）酸处理工序：去除工件表面的氧化膜。

（3）电镀工序：按照工艺要求施镀。

（4）后处理工序：作为例外，钢铁材料镀锌后还要进行转化膜处理。

（5）干燥：除去工件水分。

图 4-12 所示为一般装饰品用钢铁零件上的镀镍-铬的典型电镀工艺案例。这是最简单的施镀案例，汽车外装用镍-铬镀要更加复杂一些。大多情况下，这些工艺都属于企业机密，主要是因为其中包含有许多企业自己的特殊工艺。

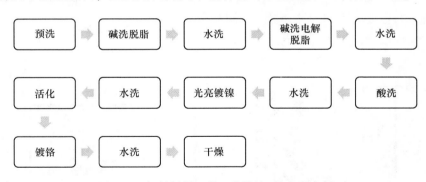

图 4-12 钢铁材料上的一种镀镍-铬工艺案例

即使是同样的钢铁材料，如镀锌在施镀后还需要进行钝化处理时，其一般工艺如图 4-13 所示。

4.4.3 锌压铸材料施镀电镀操作工艺——锌压铸材料的电镀工艺

压铸是一种金属铸造工艺，其特点是利用模具内腔对熔融的金属施加高压成

图 4-13 镀锌工艺（其中省略水洗工艺）

型。模具通常是采用强度更高的合金加工而成的，这个过程有些类似注塑成型。压铸材料的电镀前处理工艺有些类似图 4-12 所示的工艺，但由于锌容易被酸腐蚀，因此所使用的碱液或酸液的浓度较低。

4.4.4 铝材的施镀操作工艺——金属铝工件的电镀工艺

金属铝极易在空气中氧化形成坚固的氧化膜而导致较难获得致密的镀层。因此，如前节所述应首先采用锌置换处理（锌酸盐处理），表面附着一层锌膜后再按照一般的电镀方法进行施镀。

4.5 电镀的辅助电极

4.5.1 镀层不均匀的理由——电流分布与镀层分布

图 4-14（a）、（b）为实际电镀工件（阴极）上的电流分布示意图。由于阴极电流分布密度的不均匀性会导致镀层分布的不均匀。

化学镀由于不使用外部电流，因此没有这方面的问题。

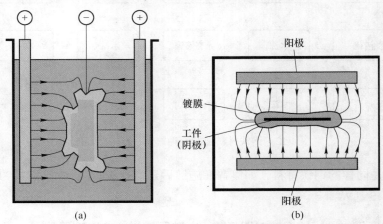

图 4-14 电镀槽内工件上的电流分布和镀层分布
（a）工作（阴极）的电流分布及镀层分布；（b）平板阴极上的镀层分布（俯视图）

4.5.2 工件上的镀层分布受什么因素决定? ——初次电流分布和二次电流分布

按照某种几何学配置（镀槽尺寸、工件性状、阴阳极配置等）进行电镀施镀时，工件上的镀层分布受到以下因素影响。

（1）一次电流分布：工件电流会集中在距阴阳极距离最近或工件尖锐部位，距离阳极越远电流越弱。因此，镀层厚度的均匀性主要受一次电流分布影响。

（2）二次电流分布：实际上通电开始电镀后，工件表面（阴极）会伴随施镀反应的进行产生极化现象。极化现象是指在电流密度大的区域中会产生一种电阻并降低该部分电流密度的现象。这种现象会造成一次电流分布被修正，这种被修正后的电流分布被称为二次电流分布。二次电流分布受镀浴成分的影响很大。如镀铜的氰化铜镀浴的极化作用较大，因此与硫酸铜镀浴相比能得到更加均匀的电流分布，即可获得更均匀的镀层。

（3）电流效率的影响：所谓电流效率是指在电极上实际沉积或溶解的物质的量与按理论计算出的析出或溶解量之比。假如阴极电流效率100%的话，镀层分布就会与电流分布相同。但是由于电流效率随电流密度变化而变化，因此受到二次电流分布影响的实际镀层分布还会受到电流效率的影响。一般来说，通常电流密度越高则电流效率越低，因此电流效率的降低会进一步改善受二次电流影响的镀层厚度均匀性。而六价铬镀却正好相反，其电流效率随着电流密度的增加也在增加，因此会导致镀层厚度均匀性恶化的现象。

4.5.3 电流分布的改善方法——辅助电极的种类与使用案例

（1）辅助阴极案例：如果在容易形成电流集中的阴极部位配置辅助阴极的话，电流会向辅助阴极流动而改善工件上的电流分布（如图4-15所示）。使用后的辅助阴极一般不能再次使用。

图4-16是图4-14（b）增加配置辅助阴极后，镀层分布获得改善的案例。

（2）辅助阳极案例：如果不使用辅助电极的话，会导致凹陷部位涂层变薄，使用辅助阳极可极大提高镀层厚度的均匀性（如图4-17所示）。

（3）遮挡板案例：图4-18（b）为采用塑料质绝缘遮挡板遮断部分电流后的镀层分布。图4-18（a）为没有使用遮挡板时的镀层分布。由图中可以看出，使用绝缘遮挡板可极大改善镀层厚度的均匀性。

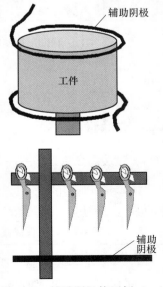

图4-15 辅助阴极使用例（一）

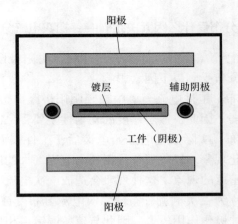

图 4-16   辅助阴极使用例（二）

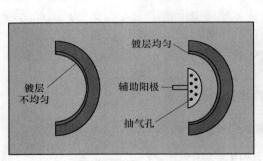

图 4-17   辅助阳极使用例

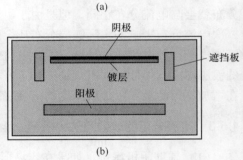

图 4-18   遮挡板的使用例

（a）没有使用遮挡板时的镀层分布；

（b）使用遮挡板时的镀层分布

4.6   镀液管理方法

4.6.1   镀液怎么管理？——镀浴的标准组成、条件和管理方法

表 4-1 为典型的光亮镀镍镀浴的标准成分、条件、各成分的作用及其管理方法的案例。要想管理好镀浴，首先需要充分了解镀浴中每个成分的作用。

表 4-1   光亮镀镍镀浴的标准成分、条件、各成分的作用和管理方法

成分（条件）	浓度	成分（条件）的作用	管理方法
硫酸镍	250~300g/L	提供镍离子源	定期进行化学分析；使用 MX 指示剂进行 EDTA 滴定

成分（条件）	浓度	成分（条件）的作用	管理方法
氯化镍	40~50g/L	氯离子促进阳极的溶解	定期进行化学分析：使用铬酸钾指示剂进行硝酸银滴定
硼酸	30~40g/L	防止高电流部分的 pH 值升高，防止烧焦现象产生	定期进行化学分析：中和滴定
pH 值	4.0~4.4	维持氢离子浓度稳定	采用玻璃电极或者 pH 试纸判定、用稀硫酸或稀盐酸调整
光亮剂（1 次、2 次）	适量	赋予镀层光亮、调平作用	根据赫尔槽试验数据，按照电量（Ah）进行补充管理
温度	50~60℃	增加离子的活性	采用温度计监控
电流密度	2~4A/dm²	给予必要的电流量	根据工件表面积决定通电电流
金属杂质（Cu^{2+}、Zn^{2+} 等）	—	损害镀层外观、力学性能	利用赫尔槽实验判定，采用低电流密度电解法去除
有机杂质	—	损害镀层外观、力学性能	利用赫尔槽实验判定，采用活性炭去除

4.6.2　镀浴中主成分如何管理？——成分的化学分析及药品补充管理

镀浴的主要成分可以采用化学分析法或仪器进行浓度测定。采取经过充分搅拌后的少量浴液（100mL）放入量杯，冷却到室温后进行分析。分析的频度根据设备规模和操作量所决定，电镀镀液通常每周分析 1 次。如果测试值低于浓度标准就必须补充药品。化学镀镀浴的成分变化一般要大于电镀镀液，可以采用市场上销售的自动分析补给装置进行自动化管理。

4.6.3　添加剂如何管理？——添加剂的消耗与补充管理

添加剂系统与镀浴的种类密切相关。例如，光亮镀镍浴的添加剂有初级光亮剂和二级光亮剂。其中二级光亮剂（光亮剂、整平剂）通电后会被消耗，因此需要频繁手动补充或根据通电量（安培数）成比例自动补充（如图 4-19 所示）。初级光亮剂在抽水口被抽出消耗的同时还会产生自然分解，因此按照镀液厂家指定的补充速度（mL/（A·h））或者经验补充添加速度进行管理。

4.6.4　温度如何管理？——温度的影响与管理

镀浴搅拌及加热的目的，是为了将金属离子及时补给阴极以及有效促进阳极的溶解，保证电镀过程平稳地进行。镀浴温度影响电流效率及镀层外观和品质

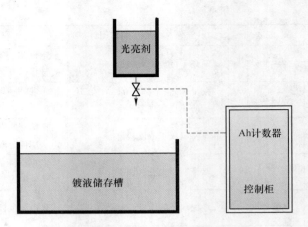

图 4-19 光亮镀浴的光亮剂添加方法

等，因此必须采用自动温度调节装置将温度控制在规定范围之内。

4.6.5 pH 值如何管理？——pH 值测定与调整

镀浴的 pH 值管理也是一项非常重要的管理内容。一般采用玻璃电极 pH 计或 pH 试纸进行测定。电镀镍时，pH 值会随着操作的进行略微上升，因此必须定时测定 pH 值，及时采用稀硫酸或盐酸（氯化物浓度不足时）进行调整。

4.6.6 其他管理方法——赫尔槽（Hull Cell）的镀浴管理

由于添加剂等的化学分析较为困难，所以可采用赫尔槽进行镀浴管理（如图 4-20 所示）。

图 4-20 赫尔槽外观例

赫尔槽实验装置是美国 R. O. Hull 于 1939 年发明的用来进行电镀液性能测试的试验用容器。它的特点是将容器制成一个直角梯形，使阴极区形成一个锐角，阴极的低电流区就处于锐角的顶点。这一结构特点使从这种镀槽中的电流分布密度显现出由低到高的宽幅度连续性变化。由于镀层的表面状态也与这种电流分布有关，从而可以通过一次性试镀试验，就能获得多种镀层和镀液的信息。

赫尔槽一般采用亚克力板做的梯形透明容器，正极片与负极片在梯形两侧相对。正负两极距离越近则电流越大，因此可在一个较大电流密度范围内对阴极赫尔样片（黄铜）上施镀，根据施镀状况即可判定添加剂是否不足或有无杂质等情况。

赫尔槽实验是一种实验效果好，操作简单，所需溶液体积小的小型电镀试验装置。它可以在短时间内较好地确定获得外观合格镀层的电流密度及其他工艺条件，如温度、pH 值等。同时，还可用于研究电镀溶液中主要成分和添加剂之间的相互影响，帮助分析和查找镀液的故障等。因此，赫尔槽试验在电镀实验研究和现场生产质量控制方面得到了广泛地应用，目前赫尔槽试验是电镀工艺试验中的常用设备，其使用是电镀工艺技术人员必须掌握的基本实验技术。

4.7 塑料镀

20 世纪 30 年代，德国的 IG 公司成功地研发出了一种新型塑料——聚苯乙烯。其具有无色透明、无毒、低密度和热塑性好的优点，但有热变形温度低、耐冲击能力弱和易脆化的缺点。通过多年不断的研究和改进，技术人员成功地研制出丙烯腈 AS 塑料，终于又在 AS 的基础上加入丁二烯，开发出了现在被广泛使用的 ABS 塑料。

ABS 塑料的耐冲击强度、抗张力、弹性率均十分优异，且无负荷时的热变形温度高、线膨胀系数小，因而加工成型后收缩小、吸水率低，特别适合于制作精密的结构制品，目前在电子仪器仪表、轻工业、日用品、汽车、航空、航海等诸多工业领域都获得了广泛的应用。ABS 塑料至今是唯一最适合电镀的工业塑料。

4.7.1 塑料镀的优点

汽车的许多外装件（如图 4-21 所示）所采用的材料均为具有高附着性电镀层的 ABS 塑料。1964 年日本首先开始采用 ABS 树脂的塑料金属镀层零件作为汽车外装件，而在此之前这些部件主要采用的是黄铜锻压件或金属锌压铸件。

与黄铜锻压件或金属锌压铸件在进行表面施镀相比，塑料镀外装件具有以下优点：

（1）采用注塑成型所获得的塑料工件表面光滑细腻，不用再进行机械研磨即可直接使用（金属材料部件必须机械研磨）；

（2）生产成本低；

（3）与铜（$8.96g/cm^3$）和锌（$7.13g/cm^3$）密度相比，ABS 树脂的密度仅为（$1.05g/cm^3$），大大减少的车重，节省了燃油费用；

图 4-21　汽车标志和散热器格栅例

（4）塑料注塑成型可自由地制造出更为复杂的形状，有利于进行更加精美的设计。

4.7.2　ABS 树脂与镀层的附着性——ABS 树脂与镀膜的附着性机理

ABS 树脂是指丙烯腈-丁二烯-苯乙烯的三元共聚物，ABS 是 acrylonitrile butadiene styrene 的首字母缩写，A 代表丙烯腈，B 代表丁二烯，S 代表苯乙烯。ABS 树脂是目前产量最大，应用最广泛的聚合物，它将 PS、SAN、BS 的各种性能有机地统一起来，兼具均衡的高强度与高韧性的优异力学性能。

ABS 树脂是细小的丁二烯成分分散在的 AS 基体中，因此丁二烯的含量对塑料性能的影响较大。一般而言，耐冲击强度随着丁二烯含量的增加而增加，而抗张力和热变形温度会有所下降。

对于电镀级 ABS 塑料，由于要求金属镀层与基体具有良好的结合力，丁二烯的含量要相对高一些。也就是要保证在一定的强度和热变形温度的前提下，尽量多添加一些丁二烯（20%左右），以利于提高镀层结合力。

由于丁二烯是以小球状分散在塑料本体中，因此首先将 ABS 塑料置于铬酸/硫酸等腐蚀液中，将其表面的丁二烯成分腐蚀溶解从而形成微米级的凹坑。这时如果在其上进行金属施镀，金属镀膜就会进入到这些微细凹坑中形成附着性优异的镀层（如图 4-22 所示）。

从图 4-22（b）中可以看出，ABS 表面的丁二烯颗粒被腐蚀溶解，在表面形成许多微米级孔洞，利用这些孔洞，就可制成附着性优良的化学镀镀层。

4.7.3　ABS 树脂上的施镀工艺——ABS 树脂的化学镀-电镀工艺

图 4-23（a）为 ABS 树脂的典型施镀工艺示意图。为了获得高附着性的金属膜，首先采用腐蚀法在 ABS 塑料表面制造出微小凹坑。然后需要采用化学镀镍

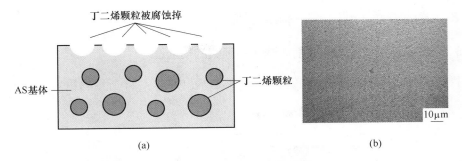

图 4-22　ABS 树脂表面的腐蚀机理

（a）ABS 树脂的腐蚀溶解机理；（b）ABS 树脂腐蚀后的表面 EDS 照片

或者化学镀铜将绝缘的塑料表面变成导体。这需要表面催化剂来引发塑料表面的化学镀反应。将催化后的 ABS 树脂放入浴槽后，对塑料表面进行化学施镀镍或镀铜。一旦表面形成导体后，再进行电镀铜和电镀镍。最近，有些企业也开始尝试无化学镀的直接施镀工艺（如图 4-23（b）所示）。

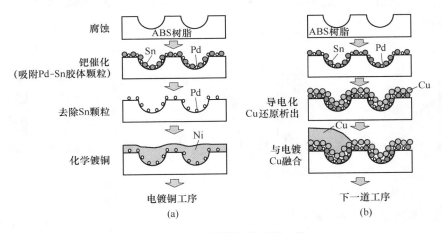

图 4-23　ABS 树脂上的施镀工艺

（a）传统工艺；（b）直接施镀工艺

从图 4-23 可以看出，ABS 树脂的施镀工艺主要有两种。

图 4-23（a）为传统的施镀工艺。ABS 表面腐蚀后，浸入 Pd-Sn 溶液使之表面吸附 Pd-Sn 胶体颗粒。然后再采用硫酸溶液溶解掉 Sn，只留下催化剂 Pd 颗粒。然后进行化学镀镍之后，在其表面再次电镀铜。

图 4-23（b）工艺省略了化学镀工序的直接施镀工艺。ABS 表面吸附 Pd-Sn 胶体颗粒后，将其放入电导溶液中利用 Sn 将 Cu 还原析出使 ABS 表面具有导电性，然后再直接电镀铜。

4.8 镀前表面处理Ⅰ——除油脱脂

4.8.1 好的镀层需要好的镀前清洗——施镀的前处理

将工件表面放在显微镜下观察，通常显示出如图 4-24 所示的污染状况。

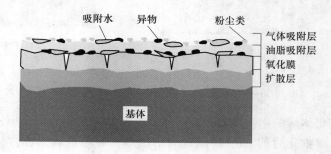

图 4-24 金属工件表面的状态

因此，施镀前需要根据工件材料的种类和状态进行以下的前处理（如图 4-25 所示）。

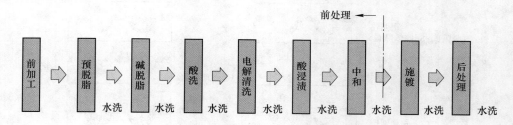

图 4-25 施镀工艺的前处理工艺案例

4.8.2 清洗油渍——除油脱脂

除油脱脂是金属表面处理不可缺少的第一道工序，无论其后要进行何种表面处理，首先都必须进行脱脂除油。

金属表面的油污对电镀最大的影响就是影响镀层的结合力。由于油污所具有的黏度和成膜性能，金属表面一旦沾染上油污，就非常难以去除。对于油污没有去除干净的金属表面，无论如何对表面进行去除氧化物的处理，在氧化皮等锈渍去掉以后，油污仍然会附着在金属表面，因此，工件表面的脱脂除油清洗就显得非常重要。

（1）预脱脂：由于前机加工工序中一般均使用了油脂类及防锈油等，为了去除附着在工件表面的大量的油渍，同时考虑到环境保护因素，一般采用水系乳化处理进行预脱脂。

1）溶剂脱脂除油：采用氯有机溶剂或最新的碳氢系（石油类）溶剂进行清洗。为了防止含氯有机溶剂的环境污染以及碳氢系溶剂的燃爆风险，一般采用如图 4-26 所示的封闭型装置，对工件清洗并对清洗废溶剂进行蒸发回收再利用。

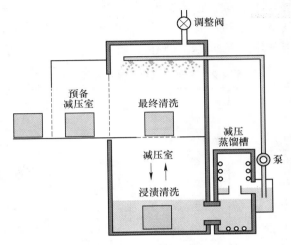

图 4-26 溶剂减压清洗装置例

从图 4-26 中可以看出，工件从左侧首先进入预备减压室，通过两道开关门进入到减压室。在下槽中浸渍清洗后，再移动至上方的蒸馏室内采用精制的溶剂进行最终喷淋清洗。

2）水性乳化剂：一般采用加温喷流的方式清洗（如图 4-27 所示）。乳化剂的主要成分为：中性盐类、有机酸盐类、弱碱性盐类、乳化油（玉米油等）、多价醇类、表面活性剂、极性溶剂等。

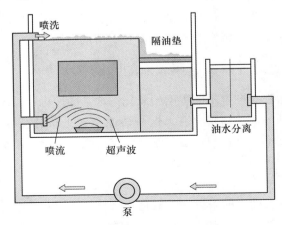

图 4-27 水性乳化剂清洗槽例

　　从图 4-27 中可以看出，工件进入清洗槽中，通过摇晃、喷流、超声波清洗后，将乳化浮起的油脂利用槽顶的喷洗口喷推至分离槽。清洗液可循环使用。

　　（2）碱脱脂除油：将预脱脂后残留的油脂、污渍等膨胀乳化，同时将基体表面腐蚀物剥离后，采用碱性盐类进行彻底脱脂清洗。根据材质不同可选择如表 4-2 所示的碱性盐类（市场上硅酸盐较多），再添加一些阴离子或阳离子表面活性剂。为了防止基体表面过度腐蚀需调整盐的种类、液温（50℃左右）和脱脂除油时间，增加机械作用力（如震动、喷流、超声波、减压等）可提高清洗效果。

表 4-2　主要的脱脂用碱性盐类及特点

成　分	性　质
氢氧化钠 NaOH	碱性强、活性高、洗净力大、腐蚀性高、乳化性能强
碳酸钠 Na_2CO_3	碱性弱、活性中、洗净力中、腐蚀性小、乳化性能强
碳酸氢钠 $NaHCO_3$	碱性弱、腐蚀性小，特别适合于柔性清洗
硅酸钠 Na_2SiO_3	碱性弱、活性中、洗净力大、分散性好、腐蚀性小、乳化性能强
原硅酸钠 Na_4SiO_3	碱性中、活性中、洗净力大、分散性良、腐蚀性中、乳化性能强
磷酸钠 Na_3PO_4	碱性中、洗净力大、分散性大、腐蚀性中、乳化性能强、磷化用
磷酸氢二钠 Na_2HPO_4	碱性弱、洗净力中、分散性大、腐蚀性中、乳化性能强、磷化用
磷酸二氢钠 NaH_2PO_4	中性、洗净力小、分散性小、腐蚀性小、乳化性能强、磷化用
焦磷酸钠 $Na_4P_2O_7$	碱性弱、洗净力大、腐蚀性小、耐硬水性能力
氰化钠 NaCN	碱性中、活性高、洗净力大、腐蚀性大、络合力强

　　（3）电化学脱脂除油：为了进行彻底的前清洗，还可采用施镀挂具对工件进行电解脱脂。通常在上述的 40℃ 左右碱性脱脂液中添加络合剂（羟乙酸、葡萄糖酸、EDTA 等），工件为阴极或者采用正负极交替（PR 电解）进行处理。

　　特别是对于基体表面活性化电解脱脂清洗，络合剂的作用非常重要。络合剂的作用是电解时为了提高清洗效果以及防止溶解的金属离子再次析出附着。

4.9　镀前表面处理Ⅱ——金属表面的除锈

　　金属制品表面都会产生不同程度的氧化锈蚀。即使肉眼看不出有锈蚀的金属表面，也会有各种的氧化物膜存在。这些锈蚀和氧化物对镀层也是非常有害的。如果不完全去除，不但会影响镀层与基体的结合力，也会影响镀层的外观质量。

4.9.1　酸洗（pickling）

　　为了除去工件表面上的附着物、氧化层、扩散层以及铁锈等，使得基体完全露出，必须采用酸洗工艺。电镀件表面的锈蚀需要采用强酸加以去除。当然，对于两性金属（即对酸碱均发生反应的金属）也有采用碱洗的方法。酸有氧化性酸和还原性酸两种（如表 4-3 所示），不能混合使用。一般来说酸洗较多采用盐酸。对于耐腐蚀金属多使用混合酸。而对易被氧化的材料（不锈钢、铝等）如果采用氧化性酸清洗，则会发生钝化（passivation）现象生成稳定的惰性膜，导致更加难以酸洗（更难以被腐蚀）。

铁锈（氢氧化物）可被酸溶解，而氧化膜比基体稳定，因此通常会导致基体被优先溶解而剥落。为了防止基体被过度腐蚀，需要添加一定量的缓蚀剂（inhibitor）。

表 4-3 典型的氧化性酸和还原性酸

氧化性酸	硝酸、铬酸、磷酸、过硫酸
还原性酸	盐酸、氢氟酸、亚硫酸、亚磷酸、醋酸、柠檬酸

注：氧化性酸中含有较多的氧离子，通过夺取金属原子中的电子导致金属变成离子。

还原性酸中含有较多的高活性氢离子（H^+），从金属原子中夺取电子变成氢气，导致金属被腐蚀（从金属氧化物中将金属离子还原，直接离子化）。硫酸则根据环境条件变化，可以是氧化性酸也可以是还原性酸。

如果在还原性酸中添加氧化性酸或过氧化氢，则会导致氧化和还原反应同时作用而产生剧烈的金属腐蚀。一般来说还原性酸对金属的表面活化效果更大。

4.9.2 酸浸渍（活化）

酸洗或碱洗是为了去除基体表面的污渍以及电解清洗所产生的杂质。采用弱酸对金属表面进行微腐蚀，可使金属表面呈现活化状态。活化是施镀前的最后一道工序，用于除去镀件暴露在空气中时形成的氧化膜，让金属表面晶体呈现活化状态，从而可以保证电镀层与基体的结合力。

当酸性镀液中含有与电镀液同种离子的时候，经活化后的工件可以不经过水洗而直接进入镀槽，如镀镍、酸性镀铜、酸性镀锡等。由于采用的都是硫酸，可用 1%～3% 的稀硫酸作为活化液。工件在浸入 2～3s 后，不用水洗直接进入镀槽，以保证其表面的活化状态，同时还可以补充镀液在施镀过程中的硫酸损失。

弱腐蚀液的浓度一般为 1% 左右，需要每天或每班更换，以保证其有效性。

按照工件的不同材质还需要进行不同的酸浸渍处理。

（1）钢铁、铜合金等：采用低浓度还原性酸或混合酸（盐酸+氢氟酸）浸渍处理。

（2）铝合金：采用碱液清洗后再在硝酸或混合酸（硝酸+氢氟酸）中浸渍处理。

（3）锌压铸件：碱洗后在极稀硫酸溶液中浸渍处理。

4.9.3　抛光酸洗（化学抛光）

对于需要精饰的全光亮金属表面，有时需要经过研磨和抛光才能达到要求。在没有电镀光亮剂之前，对于装饰性电镀，研磨和抛光是必不可少的工序。即使现在对于光亮施镀，如对一些高要求的装饰件，仍然需要对金属基体进行研磨或抛光。

采用硝酸和硫酸，以及根据不同材质采用磷酸、盐酸等混合酸将表面溶解获得更加光滑表面的方法，我们一般称为化学抛光。

化学抛光是利用一定组成的化学溶液对微观不平表面进行不同程度的腐蚀，使凸起部位的金属快速溶解，从而平整微观凸凹表面，使之达到更为平整光亮的程度（如图 4-28 所示）。

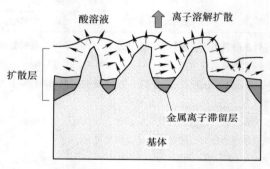

图 4-28　化学抛光（光亮酸洗）

将工件在酸溶液中晃动，金属表面的凸出部位会优先被溶解，生成具有一定浓度梯度的离子扩散层。

$$M \longrightarrow M^+ + e^-（M 表示金属原子）$$

溶液中的金属离子 M^+，从扩散层较薄的凸出部位向溶液中扩散，凹部位较难扩散因此浓度增高。由于金属离子具有阻碍其同类金属溶解的性质，因此基体的凹部位就越发难以被溶解。这种电化学反应的最终结果导致了基体表面被抛光。

当机加工难以获得抛光质量的表面时，我们也通常采取这种处理方式。化学抛光对非铁金属具有非常明显的效果，因此常作为非铁金属制品的表面精饰处理手段之一。

考虑到环保和安全卫生等因素，现在开始采用含有过氧化氢的酸性溶液进行化学抛光。

4.9.4　电解抛光

采用高浓度硫酸和磷酸混合溶液（铝合金采用磷酸溶液），将工件连接阳极

（阴极为铜、铅、不锈钢等）进行电解抛光的方法。该方法主要用于不锈钢的抛光或去毛刺处理（如图4-29所示），具有酸消耗少、操作环境和卫生安全良好的等优点。

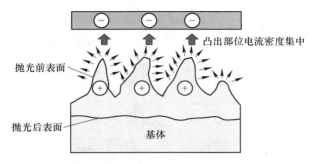

图 4-29 电解抛光

电解抛光的原理与化学抛光基本相同，作为阳极的基体可更进一步促进溶解。特别是凸出部位电流分布集中导致被溶解迅速，而凹部位则由于高浓度金属离子阻碍了同类金属的被溶解。

4.9.5 碱洗

对于两性金属（铝、锌合金），在预脱脂后，一般采用碱类（氢氧化钠等）水溶液溶解和清洗（碱洗）后，再浸渍在腐蚀性较低的酸中去除附着物和氧化膜。

4.10 施镀后的处理Ⅰ——化学转化膜处理·着色

化学转化膜处理是金属（包括镀层金属）表层原子与介质中的阴离子相互反应，在金属表面生成附着力良好的隔离层（保护性膜）的表面处理方法。这层化合物隔离层被称为化学转化膜。

4.10.1 铬酸盐处理

如果将基体或施镀后的工件放入铬酸化合物（铬酸、重铬酸钠等）的酸性溶液（添加硫酸盐、磷酸盐、盐酸盐、氢氟酸盐等络合催化剂）中，会在镀层表面发生金属还原反应，生成含有铬离子（Cr^{6+}、Cr^{3+}）的复杂氧化物和氢氧化物。例如在镀锌层表面会附着如下列分子式的胶体状膜。

$$Cr(OH)Cr_2O_7 \cdot Cr(OH)_3 \cdot nH_2O$$

许多工件都要求在镀锌层上进行铬酸盐处理。在铝、钢铁、铜合金等表面上也会形成同样成分的氧化膜薄层，导致表面钝化来提高金属表面的耐腐蚀性。这种处理被称之为铬酸盐处理。转化膜中的铬离子可极大地提高金属在腐

蚀环境中的表面耐腐蚀能力，我们称之为自愈性（self healing）转化膜（如图
4-30 所示）。

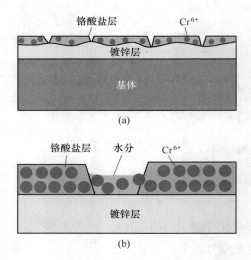

图 4-30　镀锌层与铬酸盐层示意图（a）及其自愈性（b）原理

从图 4-30（a）中可以看出，铬酸盐层为胶体状半透明膜。铬酸盐胶体层具
有导电性，干燥后会出现显微裂纹。由于铬酸盐层为非金属镀层，因此极易受到
损伤。但如图 4-30（b）所示，由于铬酸盐层中含有的大量的六价铬离子
（Cr^{6+}），其极易溶解析出保护基体（镀锌层）不会被氧化腐蚀（自愈性）。而采
用三价铬（Cr^{3+}）转化处理的氧化能力较低，需要膜的厚度较厚，同时还需要添
加氧化剂等提高其抗腐蚀能力。

4.10.2　三价铬转化膜处理

由于六价铬对人体的健康危害极大，这些年来逐渐改成了采用以三价铬为主
要成分的酸性溶液处理。采用硅胶（凝胶状硅酸盐类）、氧化性金属盐类（硝酸
钴等）或有机化合物的凝胶状膜来提高转换金属表面镀层的耐腐蚀性。

4.10.3　磷酸盐化学转化膜及其利用

金属在含有磷酸盐的溶液中进行处理，形成金属磷酸盐化学转化膜，这一工
艺过程称为磷化。

磷化是常用的表面处理技术之一，主要应用于钢铁表面。有色金属（如铝、
锌）件也可应用磷化。磷化是一种利用化学与电化学反应形成磷酸盐化学转化膜
的过程，所形成的磷酸盐转化膜称之为磷化膜。磷化膜主要用于金属材料的防腐
或者涂装。例如将钢铁材料放入锌或锰的磷酸盐溶液中处理，铝合金放入磷酸

盐、铬酸盐或磷酸锌溶液中进行处理。

4.10.4　金属着色（染黑等）

还有一种在基体表面上施镀金、银或其他合金（锡-钴等）后使之着色的方法。另外，还有采用铬酸盐、热处理、化学转化膜处理、电解等方法可产生复杂的干涉色（紫、绿、黄、红、褐等）。需求量最大的是黑色着色（染黑）处理。

（1）黑色镀镍层：镍镀浴中添加锌和硫氰酸盐（thiocyanate），即可获得黑褐色镀层。

（2）黑色镀铬层：采用添加有机物的低温铬酸浴，可形成黑色镀铬层。

（3）黑色铬酸盐：添加银等重金属的铬酸盐进行黑色处理。还有一种对铬酸盐层进行染色的方法。采用三价铬的化学转化膜处理也采用同样的方法。

（4）硫化处理：主要是为了将银或铜合金处理成黑色或者复古颜色，一般采用碱性硫化物溶液进行处理。

4.11　施镀后的处理Ⅱ——脱氢与镀层改性

4.11.1　脱氢处理（baking）

金属在进行酸洗时，溶液中的氢离子会夺取金属原子的电子变成氢气溢出。例如，钢铁在酸洗时会发生以下反应。

$$Fe+2H^+\!=\!=\!=\!Fe^{2+}+H_2\uparrow$$

其中一部分氢原子会进入镀层的金属晶格点阵中。

施镀过程中也同样，在镀层析出的同时，液体中的氢离子也会在工件表面（阴极）获得电子（e^-）变成氢原子渗入金属内部。

例如，镀镍时会发生以下反应。

$$Ni^{2+}+2e^-\!=\!=\!=\!Ni\quad H^++e^-\!=\!=\!=\!H\uparrow$$

这种渗入到基体晶格间隙中的氢原子，会逐渐再次聚合为氢分子，造成应力集中并引起基体组织脆化（氢脆）。氢脆只可防，不可治。氢脆一旦产生，就无法消除。为了防止氢脆，必须在组织未脆化前进行加热脱氢处理（baking）。脱氢处理应该在酸洗或施镀后尽快进行，一般处理方法为在200℃左右（191℃±14℃）进行3h以上的加热保温处理。

4.11.2　镀层改性

（1）为防止镀锡层晶须析出或去除针孔的封孔处理。电子产品上使用的镀锡层，组装后产生噪声（noise）的主要原因之一就是晶须的产生。镀锡时会产生晶须状单晶（如图4-31所示），导致电子元件短路等事故。为了防止镀层晶须，施镀后还需要在略高于锡的熔点（232℃）进行加热。这种热处理我们称之为回流（reflow）处理。

除此之外，我们也采用同样的处理工艺对罐头包装镀锡针孔进行封孔处理。

（2）提高化学镀镍层硬度热处理。采用磷系还原剂的化学镀镍层，硬度通常只有500HV左右。施镀后采用重结晶热处理可使硬度获得进一步提升，400℃时可获得1000HV左右的硬度（如图4-32（a）所示）。在大气中270℃以下加热3h可获得约750HV的硬度（如图4-32（b）所示）。更高温度的加热需要在还原气氛中（氮气炉或真空炉）进行。

图4-31　镀锡层上的晶须

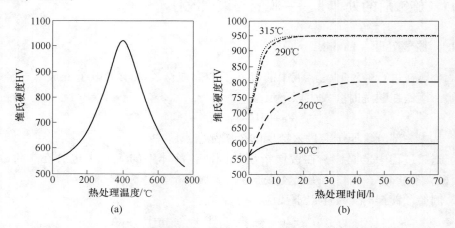

图4-32　化学镀镍层的硬度随热处理温度（a）和时间（b）的变化曲线

（3）提高附着性。镀层热处理后，附着性差的镀层会产生剥离鼓包。附着性好的镀层则会与基体金属发生相互扩散，提高镀层的附着性。

4.12　施镀方式与装置——挂具、夹具等

4.12.1　挂具的安装方法

目前许多产品均采用挂镀的方式进行施镀，这是一种适用性很高的施镀方式。

将工件安装在施镀挂具上，通过搬运机构自动传递工件进行施镀。不同的处

理工件所对应的挂具形状与尺寸均不相同，一般为专用挂具。日常需要注意各种挂具的状态与管理。

与挂具相接触的工件部位通常镀层较薄，甚至还会出现无镀层的现象。因此接触部位通常选择在对工件品质无影响的部位，甚至是施镀后需要切除的部位（如图4-33所示）。

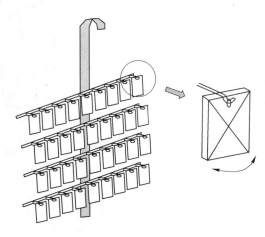

图4-33　吊具示意图

施镀时，由于镀液液体搅拌可能会导致工件过度摇晃甚至掉落，因此操作过程中一般应避免激烈的搅拌。

4.12.2　电流的传导——挂具的接点

工件没有孔洞时，一般采用弹簧夹具进行施镀（如图4-34所示）。对于较厚且结实的工件，一般可采用上下或左右夹持的方式进行施镀。

对于IC·LED的引线框以及薄PCB（印刷电路板）等，可以利用产品的孔洞，采用弹簧上下左右拉开固定的方式（如图4-35所示）。由于吊具一般采用可导电的金属制成，因此除了通电用接触部位外，其他部位均需要采用树脂涂覆以防被施镀。

对于薄板工件，可采用四角弹簧拉伸或者四边固定等方式固定。

接点部位在施镀时需要导电，因此这部分也会被施镀，需要定期清除镀层。

4.12.3　其他夹具的装卸方法

还有一种在镀槽内旋转施镀的夹具（如图4-36所示），这种装置需要配备搬运和旋转驱动装置。

旋转夹具在镀液中旋转施镀，因此可获得较为均匀的镀层。

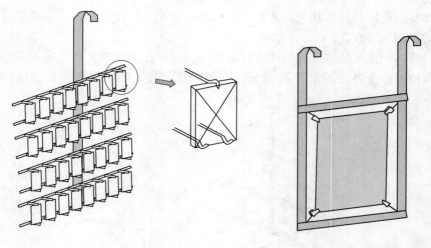

图 4-34   弹簧夹具   图 4-35   弹簧拉开式吊具

上述这种夹具均需要手工装卸工件，因此自动化较为困难。现在已开发出自动开闭夹子固定产品的夹具来代替弹簧夹（如图 4-37 所示），装备夹子自动开关装置即可实现自动装卸。图 4-37 显示的是上方夹持，也可有上下夹持的夹具。目前由于极薄 PCB（40μm）的手动操作非常困难，因此业已开始普及上述这种装卸夹具方式。

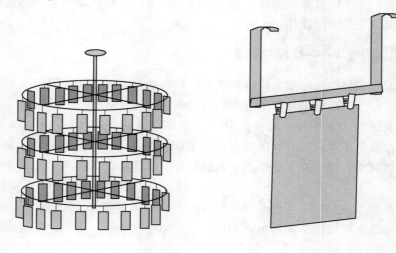

图 4-36   旋转式施镀夹具   图 4-37   上夹持弹簧夹吊具

自动施镀装置由于自动化镀液管理、生产管理等技术的引进已将施镀工艺变成了高科技加工工艺。

4.13　施镀方式与装置Ⅱ——滚筒施镀

4.13.1　小零件的大量处理——滚筒施镀方式

挂具施镀只能将每个工件分别悬挂进行施镀，这种方式对小体积、大数量的工件非常难以实施。

对于这种需要同时大量处理的小工件，一般采用滚筒施镀的方法进行。滚筒（barrel）为上面有许多通孔的大容器，将工件盛入其中，再将滚筒放入镀槽中，滚筒在镀槽中回转，滚筒内的工件会随之翻滚而被施镀。

4.13.2　各种形状的滚筒——滚筒的种类

滚筒一般有回转式、无盖式（震动式）、倾斜式、自开盖式滚筒等种类。筒壁的开孔形式有圆孔、开缝、网格等形状（如表4-4所示）。

表4-4　滚筒种类与适宜的被处理工件

处理工件	滚筒种类					
	回转式	震动式	自动开盖式	倾斜式	网状	缝隙孔
针状	网状◎	×	×	无孔◎	○	○
棒状	◎	◎	◎	◎	◎	◎
薄板状	内壁凹凸○	◎	×	○	×	△
小盒类	◎	×	×	○	○	◎
弯曲物品	○	○	○	○	×	◎
易损伤物品	○	◎	○	○	○	○
脱液效果	网状○	△	×	○	○	◎
电流效率	△	◎	△	×	◎	◎

注：滚筒形状不同，其脱液效果、电流效率以及适宜的处理工件亦不同。◎—最佳、○—可使用、△—有限制条件、×—不合适。

滚筒的尺寸一般在直径150~700mm、长度为200~1200mm之间。由于滚筒材料和种类可选择范围广，因此可形成多种组合。

4.13.3　滚筒的选定标准

在众多的滚筒组合中，基于工件的特性可根据表4-5所示选择最佳的施镀滚筒。

表 4-5　滚筒采用时需研究的事项

滚筒尺寸	原则上来说，需要批/滚筒处理进行施镀，如果处理物太少，则会产生阴极接点露出，施镀不良等问题
投入量	一般占滚筒容积的 35%~50%。大体积产品不适合滚筒施镀
滚筒形状	在滚筒中，施镀是在加工材料的四周附近进行。因此，如果投入量相同，则直径较小、长度较长的滚筒比直径较大、长度较短的滚筒可给予工件表面更多的施镀概率，镀层厚度也更为均匀
滚筒内工件的举动	滚筒形状不同，工件的滚动方式也不同。基本上来说，桶状工件一般按照旋转方向滚动，基本上不会纵向移动。因此需要设法让工件在滚筒内能够纵向移动
镀层的质量差	如果滚筒的径长比大，则根据阴极位置不同，滚筒两端工件的镀层有增厚的趋势
滚筒板厚与开孔率	小孔径（φ0.5mm）的开孔率约 20%，缝隙孔（0.4mm×4mm）的开孔率约为 27%，因此可获得更高的开孔率。另外，孔径越小，筒壁越厚，则镀液流动和电流效率越低
滚筒孔形状	原则上圆孔较多。但处理小工件时容易造成堵塞，因此这时最好改成缝隙孔
阴极接点	滚筒内设计阴极接点，给工件通电。阴极接点的要点为：（1）可与工件形成可靠接触，提供电流；（2）电极接点不外露，尽可能不被施镀

滚筒施镀方式具有一次可处理大量小型工件的优点，但其也有镀液流动大，镀层质量差距大等缺点。

筒壁为小圆孔时，液体进出孔洞较难，这时可以考虑改成缝隙孔的形式（如图 4-38 所示）。

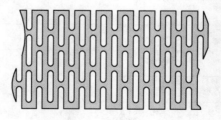

图 4-38　缝隙孔筒壁

对于片状冷凝器（chip condenser）这样的微小工件，可以采用网状开孔形式（如图 4-39 所示）。

回转式滚筒（如图 4-40 所示）由于封盖必须开关操作，因此难以实现自动化。

如果是左右 90°来回摇摆的无盖式滚筒（如图 4-41（a）所示）或倾斜式滚筒（如图 4-41（b）所示）等形式的滚筒，则可以做成自动投入和排出系统，达到施镀操作全自动化的目的。

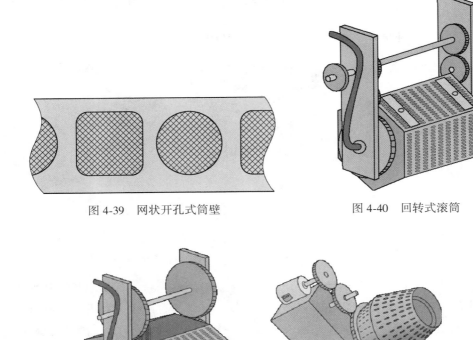

图 4-39 网状开孔式筒壁　　　　图 4-40 回转式滚筒

(a)　　　　　　　　(b)

图 4-41 无盖式滚筒（摇摆式滚筒）和倾斜式滚筒
(a) 无盖式滚筒（摇摆式滚筒）；(b) 倾斜式滚筒

4.14 施镀方式与装置Ⅲ——批处理施镀装置

4.14.1 各种工件的运送方式——典型运送装置例

　　批处理施镀装置是将一批工件一次性施镀的装置。为了批量化处理，一般采用上述的吊具或滚筒以及搬运装置一次性搬运并施镀。

　　批处理施镀装置的典型代表是吊载式（carrier type）装置。吊载式施镀装置中，大型装置有门吊式施镀装置（如图 4-42（a）所示）、中型的有天井移动式（如图 4-42（b）所示）和小型的有单臂式（如图 4-42（c）所示）。

　　门吊式施镀装置一般用于宽度超过 2m 的大型工件，如汽车保险杠、建材等。而 1.5~2m 的如汽车零部件和电器部件等小一些的工件一般使用天井移动式装置。天井移动式装置中吊载式的天井移动装置使用最多。单臂式施镀装置主要用于小型工件的施镀。

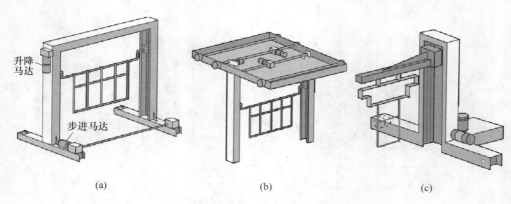

(a)　　　　　　　　　　(b)　　　　　　　　　　(c)

图 4-42　批处理施镀装置示意图

（a）门吊式施镀装置；（b）天井移动式施镀装置；（c）单臂式施镀装置

搬运式（carryer）又称程序提升式（program hoist type），其移动与提升均按照预定的程序或者根据需要随时调整控制，同一施镀装置内也可对不同金属材料施镀。但是，由于搬运式是按照前进→后退→上升→下降的程序进行处理，每次循环时间最快也需要 2.5min 左右，因此大多为大型装置。

4.14.2　单独零件集中处理——批处理施镀装置

批处理施镀装置有电梯式和推杆式两种。

电梯式（如图 4-43 所示）为安装有每个悬挂夹具臂的一个升降机构，该升降机构按照操作顺序驱动前进。

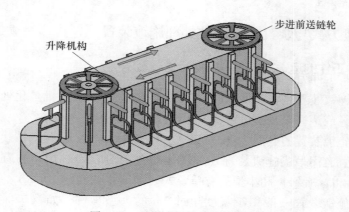

图 4-43　电梯式批处理施镀装置

推杆式（如图4-44所示）是将夹具悬挂臂放在滑轨上。采用步进推杆推动滑轨升降并推送作业。

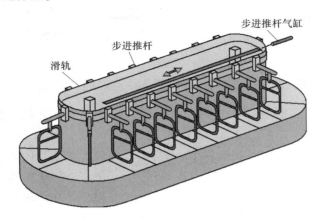

图 4-44　推杆式批处理施镀装置

无论是电梯式还是推杆式，均是按照设定好的程序进行上升→前进→下降的反复操作，是单一操作、相同工件施镀的最理想装置。其循环时间为 40~60s，每个吊具上的工件量比搬运式小，生产现场操作简便。

无论采用什么方式，每个工厂均需按照自己的产品种类与工艺要求进行最佳选配。

由于批处理施镀装置是采用吊具或滚筒搬送的方式进行处理，通过选择适合工件的吊具，可进行各种类型工件的处理。因此，批处理施镀是一种通用性很高的施镀方式。

4.15　施镀方式与装置Ⅳ——连续式施镀装置

4.15.1　采用输送机等方式处理——连续运送处理

吊装式和滚筒式均为批处理式施镀装置，其操作过程中均离不开手动的装卸操作。而有些工件为了降低生产成本，还大量采用一种连续式施镀处理方式。

连续式施镀处理，除了每个工件安装到卡具上，再用连续运送机直接输送进行施镀外，还有采用将带状的工件成卷送入镀槽，施镀后再卷回这种卷到卷（reel to reel）的施镀方式。

目前的 PCB 施镀装置，广泛采用自动开关夹具代替弹簧卡具，然后自动传送到镀槽中进行施镀。

工件施镀结束后，卡具可自动脱钩并自动返回的自动化施镀方式。

引线框施镀一般采用传送带运输方式。从引线框的施镀工艺过程可以看到，其在金属传送带上装有夹具，自动装载装置执行连续运输过程，该过程逐一取出产品并将其自动安装到夹具上，一边搬运一边施镀。这就是所谓的传送带运输方式。

除了连续运送方式，对于短 IC 引线框的施镀，还有采用自动装载机将 400个左右的引线框投入滚筒输送机中的一边连续输送，一边施镀处理的滚筒输送方式。

4.15.2　连续工件的处理——线材、带材等工件的处理

对于连接器（connector）或条带（hoop）等这样工件的连续产品，通常使用卷对卷（reel-to-reel）或（roll-to-roll）的方式进行电镀。

连接器（connector）是采用 reel-to-reel 方式处理的典型工件。连接器是典型的多品种小批量工件，由于连接器大多需要镀金，处于降低成本的目的需要进行高精密施镀。品种变更时，需要施镀设备中途停止以更换相应的夹具。因此，品种更换方便快捷是对该装置的基本要求。

板料施镀或预制板（电镀后轧制）以及制备 FPCB（柔性印刷线路板）回路等的施镀一般采用 roll-to-roll 处理方式。

连续施镀装置需要精确控制施加在带材上的拉力，以防止工件损坏以及保证输送的稳定性。

4.16　施镀方式与装置 V——局部施镀法

4.16.1　只给所需要的部位施镀——局部施镀法

连续施镀法多用于连接器、引线框等电子产品的生产。而电子产品目前都在极力地轻薄化与小型化。因此，施镀面积也在向局部化方向发展。随着元器件组合工艺的不断进步，微小施镀技术越来越获得重视。

局部施镀法可分为条纹镀（stripe plating）和点镀（spot plating）两种。条纹镀主要用于基材、连接器、引线框等的施镀，主要有鼓式（如图 4-45（a）所示）、刷式（如图 4-45（b）所示）和液面控制式（如图 4-45（c）所示）三种。其中，鼓式可在细微部位予以施镀，是目前连接器局部施镀的主要方法。

图 4-45（a）的鼓式法多使用于连接器施镀操作。可进行条纹和点施镀。

图 4-45（b）的刷式法多用于连接器，特别是对凸出部位较多的零件较为常用。

图 4-45（c）的液面控制式又被称为边缘施镀（edge plating）。

局部施镀目前主要有如表 4-6 所示的 10 种方法。如此多的方法也就意味着没有一种是通用的施镀方法。每种方法均有其各自最适宜处理的工件。使用方应该根据各自的处理对象、生产量以及希望的施镀部位来选择最合适的施镀方法。

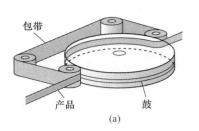
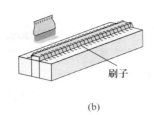
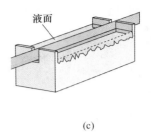

图 4-45　局部施镀法示意图

（a）鼓式；（b）刷式；（c）液面控制式

表 4-6　局部施镀法的种类和优缺点

局部施镀法	优　　点	缺　　点
鼓式	精度高、施镀速度高，适合基材施镀（最近开始对锻压品施镀）	包带（pack mask belt）价格昂贵，并且每种类型均为专用，更换困难（外设种类易于更改）
刷式	包带结构简单、适合锻压品凸凹部位的施镀	精度不高，不适合基材或平整工件。包带与工件需要配合，不太容易
液面控制式	装置简单，可与整体施镀共用	精度低（±0.2mm 左右），不适用于高速施镀
步进式	精度高，mask 掩膜可重复使用，适合点镀，条纹施镀亦可	设备价格高、有停止时间，因此生产时速度受限
带状掩膜法	精度高（±0.15mm），掩膜可重复使用，更换方便	掩膜价格略高且专用，使用寿命略短
固定掩膜法	掩膜结构简单、价廉，适合平面基材和平面冷轧材使用（不适合凹凸面工件）	精度不太高，不适合轧制工件，掩膜必须与工件吻合
滚轮法	可高速处理，适合冷轧品，设备较短	精度不太高，结构复杂，掩膜贵，更换复杂
履带式掩模法	精度高，可高速施镀	专用掩膜价格高，更换较复杂
带屏蔽法	条纹施镀，精度高（±0.05mm），因采用贴膜后整体施镀，设备简单	需要贴膜装置，带膜较贵且为消耗品
印刷法	精度高（可精密施镀），设备简单	需要昂贵的印刷机、曝光机、显像机等，印膜剥离需要水处理设备

4.16.2　其他的局部施镀法

除了上述三种施镀方法之外，还有步进法、带状掩膜法、固定掩膜法、滚轮法、履带式掩模法等施镀方法。这些都是使用可重复的局部施镀掩膜的局部施镀法。

步进法主要用于 IC 引线框的点镀。

施镀的前后处理均可连续操作，点镀部分仅为局部施镀掩膜所限定的范围。以局部镀掩模的长度为定尺固定步进，到达指定位置后停止，在局部镀掩膜上对工件施镀。由于步进法是按照定尺推进，其生产速度有一定的限制。

同样是点镀，履带式掩模法将局部掩膜与履带式组合并连续回转，因此可做到高速连续点镀。

带状掩膜法多用于条纹施镀。将产品夹在具有条纹形开口的一对皮带之间，并向开口处喷涂镀液进行施镀。带屏蔽法和印刷法是采用掩膜带或印刷防电镀油墨进行整体施镀，其掩膜带或油膜属于消耗品。

为了节省贵金属，还有一种固定掩膜法。其局部施镀法的精度虽然不太高，但其成本相对较低。

知识栏

镀覆产品的用途和镀覆产业的年销售额

根据 2012 年日本镀覆工业组合联合会实施的基础调查统计结果，日本国内镀覆产品的应用如图 4-46 所示。

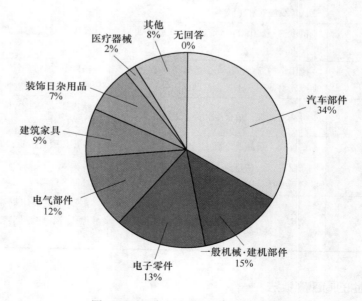

图 4-46　日本国内镀覆产品的应用

　　使用最多的是汽车部件，约占整体的三分之一。而一般机械·建机零件、电子零件和电气部件的占比也很高，工业用品大约占整个镀覆产品的70%左右。由此可知，镀覆是现代工业不可缺少的技术。

　　另外，根据日本镀覆工业组合联合会以及日本产经省公布的工业统计资料，从1980年至2010年的年销售额显示，年销售额均在4000亿日元到6000亿日元之间稳定变动，无极端减少情况发生。该数据仅为电镀厂家对外销售的营业额，不包括企业内部产品的镀覆销售。由此可知，镀覆产业在日本是一个巨大的产业。

5 镀层检验方法

5.1 镀层质量的分类

根据产品设计质量的不同要求，对其镀层的质量也会有不同的标准。但是，镀层与基体的结合力以及其基本外观质量是所有镀层的一个基本判定标准。合格的镀层结合力是所有镀层必须达到的最基本要求。任何镀层如果在其主要工作面上出现起泡、剥落等结合力不良现象，均会被判为不合格。同样，不合格质量还包括镀层表面的色泽不均匀、发花、水渍严重以及边角毛糙等现象。

因此，评定镀层质量好坏首先是镀层与基体的结合力情况和镀层表面基本状态，然后才是镀层其他的相关功能性指标。

所有产品的生产都有一个质量检验的过程，这是生产活动中的重要组成部分。没有质量的产品就没有市场，也没有产品的改进和创新。镀覆生产也不能例外。不仅如此，由于镀覆生产过程及其工艺本身的特殊性，使得镀覆产品质量的检验相比其他机械加工产品的质量检验需要更多的专业知识。

镀层的检测内容，可以分为以下三大类型。

（1）外观检测：任何镀层的外观都是镀层检测中最基本和最直观的检测项目。外观不良一眼就能看出。特别是装饰性镀层，对其外观有着更为严格的要求。外观检测包括色泽、亮度、水渍、起泡等多个具体项目内容。

（2）物理性能检测：这些检测项目中包括结合力检测、厚度检测、孔隙率检测、显微硬度检测、镀层内应力检测、镀层脆性检测、氢脆检测以及一些特殊要求的其他功能性检测，如焊接性能、导电性能、绝缘性能等。

（3）防护性能检测：镀层防护性能检测包括耐蚀性能检测和三防性能检测，如盐雾试验、腐蚀膏试验、腐蚀气体试验、人工汗渍腐蚀试验、室外暴露试验和环境试验等内容。

5.2 镀层厚度测定法

镀层厚度通常在 $0.1\mu m$ 到数十微米之间。检测镀层的厚度有多种方法，但基本上可以分为物理法、化学法和电化学法这三大类。镀层厚度的主要检测方法如表5-1所示。

表 5-1 各种镀层厚度测定法和特征

测定方法	特 征	破坏或非破坏方式
镀层断面显微镜观察法	直接观察镀层断面	破坏性
高频涡流法	利用高频涡电流的渗透深度变化进行测量	非破坏性
磁性测量法	强磁体基体上对非磁性镀层的测量	非破坏性
荧光 X 射线法	利用镀层金属特有的荧光 X 射线强度测量	非破坏性
电解式厚度测定法	通过电解镀层金属的溶解时间测量	破坏性
重量法	利用施镀前后的重量差计算	破坏性
β 射线法	根据薄膜的 β 射线吸收或散射量测量	非破坏性

5.2.1 镀层断面显微镜观察法

采用显微镜直接测量镀层断面，可获得较为准确的镀层厚度。但是，该方法必须破坏工件，同时，为了准确地测量镀层厚度，需要小心打磨抛光断面，保证镀层的截面不发生变形（如图 5-1 所示），这需要一定的操作技巧。

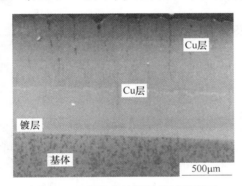

图 5-1 显微镜直接测量的镀层断面

5.2.2 高频涡流法

涡流测厚仪是利用一个带有高频线圈的探头来产生高频磁场，在位于探头下方的待测试样内产生电流涡流。这种涡流的振幅和相位是探头和待测试样的非导电性镀层厚度的函数。镀层厚度可从测量仪器上直接读得（如图 5-2 所示）。

高频涡流法可用于金属材料基体上的金属或非金属镀层的厚度测定，也可以用于非金属材料上的金属镀层的厚度测定以及层间电导率相差较大的镀层厚度的测定，并且属于非破坏性测厚法，因此应用较广。在涂料涂层的测厚中应用较多，但这种方法对较薄镀层的测量误差较大。

5.2.3　磁性测量法

　　利用被测试样与标准磁体之间的磁力变化换算成镀层的厚度（如图5-3所示）。这种方法只适用于测量铁磁性材料上的非磁性涂层（例如钢铁基体上的铜、铬或锌镀层），而测量钢铁材料上的镀镍层就得不到正确的结果。还有一些测量仪器利用电磁线圈的电感的变化、永磁体的磁场变化以及磁体的吸引力变化来测量镀层厚度。

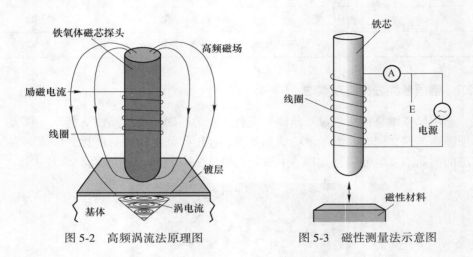

图5-2　高频涡流法原理图　　　　　　图5-3　磁性测量法示意图

5.2.4　荧光X射线法

　　X射线法是采用X射线激发物质产生状态变化释放出可测信息的检测方法。其原理是采用X射线照射镀层时，会产生出镀层金属所独有波长的荧光X射线。由于该X射线的强度与镀层金属的量成一定比例，可根据其强度即可计算出层厚（如图5-4所示）。该方法的特点是可在较微小的面积上测量出镀层厚度，同时可简单地测量出1μm以下的超薄镀层厚度。这种方法是目前较为流行的高性能镀层测厚方法。

5.2.5　电解式厚度测定法

　　将一种盛满电解液的测定用小容器放在镀层上，然后通以一定电流进行阳极溶解，根据基体露出的时间长短求得镀层的厚度（如图5-5所示）。电解的终止点为感知基体金属出现时的电位变化。该方法可较方便地连续测定镀层厚度及多层镀层厚度。

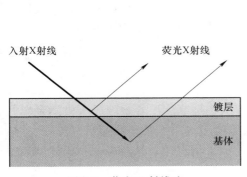

图 5-4 荧光 X 射线法

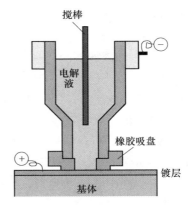

图 5-5 电解式厚度测定法

5.2.6 重量法

利用施镀前后的重量差，再根据施镀金属密度和镀层面积计算出镀层厚度。该方法在实验室中经常被采用。利用该计算方法可获得镀层的平均厚度。

5.2.7 β 射线法

利用放射线同位素所释放出的 β 射线照射镀层，根据透过或背散射的 β 射线量获得层厚的方法。应用 β 射线法需要镀层与基体材料在原子序数上有足够大的间隔。测量较小工件时，被测部位应保持不变，以消除试样几何形状的影响。该方法具有必须使用放射性物质这一缺点。β 射线法较多应用于金属基体上的贵金属薄镀层，如金、铑镀层厚度的测量。

5.3 镀层的硬度试验法

5.3.1 常用的硬度试验法

硬度是材料的重要力学性能之一。一般认为硬度是表示固体材料抵抗弹性变形、塑性变形以及破坏的能力。它是材料的弹性、塑性、强度、韧性和形变强化率等不同物理量的一个综合性能指标。

（1）洛氏硬度法：洛氏硬度是利用压痕的塑性变形深度来确定其硬度值的指标方法。该试验方法是采用一个顶角为 $120°$ 的金刚石锥体或钢球，在一定载荷下压入被测材料表面，由压痕深度求出材料的硬度。最常用的三种标尺为 A、B、C，即 HRA、HRB、HRC。这需要根据实验材料硬度的不同，选用不同硬度范围的标尺来表示。

HRA 是采用 588.399N 载荷将钻石椎体压入材料表面所获得的硬度。该方法适用于硬度较高的材料。例如：钢材薄板、硬质合金等。

HRB 是采用 980.665N 载荷和直径 1.5875mm 淬硬的钢球所获得的硬度。该方法适用于硬度较低的材料。例如：软钢、有色金属、退火钢等。

HRC 是采用 1470.9975N 载荷和钻石椎体压入材料表面所获得的硬度。该方法适用于硬度较高的材料。例如：淬火钢、铸铁等。

（2）布氏硬度法：布氏硬度的测定原理是采用一定大小的载荷 F（29419.95N），将直径为 D(10mm) 的淬火钢球或硬质合金球压入被测金属的表面，保持规定时间后卸除载荷，用读数显微镜测出压痕平均直径 d(mm)，然后按公式求出布氏硬度 HB 值，或者根据压痕平均直径 d 从对应的布氏硬度表中查出 HB 值。

（3）肖氏硬度法：肖氏硬度试验法是根据从一定高度自由落下的尖端镶有小钻石的铜锤（金刚石锤）的回弹高度之比算出硬度值的方法，材料越硬回弹高度越高。

（4）维氏硬度法：维氏硬度适用于显微硬度分析。采用 1~120kg 之间的载荷和顶角为 136° 的方锥形金刚石压入器压入材料表面，利用压痕的对角线长度和载荷大小计算出维氏硬度值（HV）。

5.3.2　镀层的硬度测定

（1）显微维氏硬度法：显微维氏硬度是维氏硬度的一种。按照载荷的大小，维氏硬度可以分为维氏硬度试验、小负荷维氏硬度试验和显微维氏硬度试验三种。显微维氏硬度的载荷范围小于 100g，按照压痕的直径小于 1.5 倍镀层厚度选取载荷。然后根据载荷与压痕的对角线长度获得硬度值。

最近，为了测量采用气相法所获得的厚度为数微米以下的硬质镀膜的硬度，已开发出载荷更小的超级显微维氏硬度测试仪。

（2）努氏硬度法：测量薄镀层截面的硬度亦可采用努氏硬度测试方法，其是将一种特殊形状的棱锥体金刚石压头加装到显微维氏硬度仪上进行测试。努氏硬度试验的压痕压入深度只有长对角线长度的 1/30，而维氏硬度试验的压痕压入深度为对角线长度的 1/7。所以努氏硬度试验更适用于表层硬度和镀层的硬度测试。同一试样在同一负荷下，努氏硬度压痕对角线长度约为维氏硬度压痕对角线长度的 3 倍，大大优于维氏测量法。

5.3.3　根据刮痕测定硬度——刮痕硬度试验法

将金刚石压头以 3g 的载荷压在测量材料上，同时以 0.25~0.30mm/s 的速度移动压头刮擦表面，根据刮痕的宽度确定硬度值。

各种硬度试验方法的原理与注意要点如表 5-2 所示。

表 5-2　各种硬度试验方法的原理与注意要点

硬度试验法	原　　理	注意要点
洛氏硬度	以压痕的塑性变形深度来确定硬度值的指标方法	（1）主要有采用钢球压头的 HRB 法和采用金刚石压头的 HRC 法； （2）HRB 法的标准载荷为 980.67N，HRC 法的标准载荷为 1471.00N
布氏硬度	以压痕的塑性变形直径来确定硬度值的指标方法。 $$H_B = \frac{19.61P}{\pi D(D - \sqrt{D^2 - d^2})}(MPa)$$ P：载荷，D：钢球直径，d：压痕直径	（1）压头采用直径 10mm 钢球； （2）标准载荷 29419.95N
肖氏硬度	从一定高度自由落下的尖端镶有小金刚石的铜锤（金刚石锤）的回弹高度之比算出硬度值。 $$H_S = \frac{10000h}{65 h_0}$$ h_0：自由落差，h：回弹高度	（1）被测材料表面为平面； （2）材料硬度越高，回弹高度越高
维氏硬度/显微维氏硬度	根据压痕的对角线长度和载荷大小计算硬度值。 $$H_V = \frac{18181.53P}{d^2}(MPa)$$ P：载荷，d：压痕的对角线长度	（1）采用方锥形金刚石压头； （2）维氏硬度的标准载荷为 1~1176.80N，显微维氏硬度的标准载荷为 980.67N 以下
努氏硬度	根据压痕的投影面积算出硬度值。 $$H_k = 139.64\frac{P}{l^2}(MPa)$$ P：载荷，l：纵向压痕对角线长度 努氏压头的形状 直角 172°30'，纵横比 7.11：1，顶角 130°压痕	（1）采用棱锥体金刚石压头； （2）与维氏硬度法相比误差更小，但容易受到被测定材料的表面状态影响
刮痕硬度	根据刮痕的宽度计算出硬度值。 $$H_C = \frac{9806.65}{\lambda^2}(MPa)$$ λ：刮痕的宽度值	（1）采用标准金刚石压头； （2）标准载荷为 29.42N； （3）压头的标准移动速度为 0.25~0.30mm/s

5.4　镀层的耐腐蚀性试验

5.4.1　自然界的腐蚀试验——大气暴露腐蚀

大气暴露腐蚀试验是获得实用性基础数据的试验方法。暴露地点可分为农田、海岸、都市和工业地带等（如图5-6所示）。

图 5-6　大气暴露试验

试验根据实验片的光泽、腐蚀面积、点蚀的大小和数量以及腐蚀物的状态等进行耐腐蚀性评价（如表5-3所示）。

表 5-3　腐蚀面积评价法

等级编号	全腐蚀面积率/%
RN：10	无腐蚀（0）
RN：9.8	0.02 以下
RN：9.5	0.02～0.05
RN：9	0.07～0.10
RN：8	0.10～0.25
RN：7	0.25～0.5
RN：6	0.5～1.00
RN：5	1.0～2.50
RN：4	2.50～5.00
RN：3	5.00～10.0
RN：2	10.0～25.0
RN：1	25.0～50.0
RN：0	50 以上

5.4.2 人工耐腐蚀性试验——加速腐蚀试验

这是人为地制造出易腐蚀环境的加速腐蚀试验方法，主要有以下四种。其试验的特征如表5-4所示。

表 5-4 加速腐蚀试验的种类与特征

试验种类	特 征
中性盐水喷雾试验	大多用于一般施镀材料的耐腐蚀性试验
醋酸酸性盐水喷雾试验	适用于腐蚀性强的室外工作环境
CASS 试验	适用于要求强耐腐蚀性汽车镍-铬系列镀层的产品评价
耐抗冻剂腐蚀试验	严寒地带腐蚀环境下的镍-铬镀层汽车零件耐腐蚀性评价
亚硫酸气体试验	汽车部件、电子器件的耐腐蚀性和电气性能评价

（1）盐雾试验：盐雾试验是一种主要利用盐雾试验设备所创造的人工模拟盐雾环境条件来考核产品或金属材料耐腐蚀性能的环境试验。其可分为中性盐雾、醋酸酸性盐雾和 CASS 试验三种（如图5-7和表5-5所示）。

图 5-7 盐雾试验机

中性盐雾试验可作为各种材料的一般性耐腐蚀性试验，其腐蚀性较弱。该实验方法的一个缺点是因为腐蚀会通过裂缝等缺陷进行，导致测试结果差异较大。

表 5-5 盐雾试验的条件

试验种类	条　件
中性盐雾试验	温度：(35±2)℃
	食盐水浓度：(50±5)g/L
	pH 值：6.5~7.2
醋酸酸性盐雾试验	温度：(35±2)℃
	食盐水浓度：(50±5)g/L
	pH 值：3.1~3.3（用醋酸调整）
CASS 试验	温度：(50±2)℃
	食盐水浓度：(50±5)g/L 氯化铜：0.26g/L
	pH 值：3.1~3.3（用醋酸调整）

注：以上三种试验中，CASS 的腐蚀性最高，其次是醋酸酸性盐雾试验。喷雾压力为 0.7~1.8kg/cm²。每 80cm²喷雾量为 0.5~3.0mL/h。

醋酸酸性盐雾试验是采用酸性醋酸溶液（pH 值：3.1~3.2），其改善了中性盐雾试验的缺点，与大气暴露腐蚀试验结果的相关性较高。

CASS 试验是在酸性醋酸液的基础上，再加入作为氧化剂的氯化铜，试验温度提高到（50±2)℃的强化性腐蚀性试验。

（2）耐抗冻剂腐蚀试验：严寒地区在冬季道路都要铺洒食盐或岩盐以防止道路结冰，这些物质与泥水混合后会进一步促进镀层的腐蚀。针对以上腐蚀开发出了耐抗冻剂腐蚀试验法。

试验方法如下：在 300mL 的烧杯内，加入 5g/L 的硝酸铜溶液 7mL、5g/L 氯化铜溶液 33mL、100g/L 氯化铵溶液 10mL 和高岭土 30g，充分搅拌形成腐蚀泥浆。将该腐蚀泥浆涂敷在实验片上，室温 38℃、相对湿度 80%~90%条件下放置1h，到达规定时间后清洗观察镀层表面的腐蚀状态并判定。

（3）亚硫酸气体腐蚀试验：将实验片放入亚硫酸气体环境中观察耐腐蚀性的试验。英国冬季取暖因大量使用煤炭，带来大气中亚硫酸气体增加导致材料的腐蚀加剧，由此开发出该试验方法。

（4）复合循环腐蚀试验：将各种腐蚀环境（如盐雾、干燥、湿润等）进行自由组合的复合循环腐蚀试验（如表 5-6 所示）也在逐渐增加。

表 5-6　一种复合循环腐蚀试验案例

试验项目	条　件	时间
盐雾试验	温度：（35±2）℃	2h
	食盐水浓度：（50±5）g/L	
	其他：根据国家标准《表面处理用盐水喷雾试验法》要求	
干燥	温度：（80±2）℃	4h
	相对湿度：20%~30%	
湿润	温度：（50±2）℃	2h
	相对湿度：95%以上	

注：各条件可根据具体的使用环境进行设定。

5.5　附着性、孔隙率试验

镀层的附着性（结合力）是所有镀覆性能指标中最重要的指标。

5.5.1　镀层与基体附着性的测定——镀层附着性试验（JISH 8504 金属镀层附着性测试方法）

镀层附着性评价是一个非常重要的指标。除塑料基体上的镀层（附着性不高）可以定量描述之外，目前还没有开发出一种定量的测试方法。

（1）弯曲试验：将片状施镀试样弯曲，观察镀层的剥离状况（如图 5-8 所示），实验样片越厚，测试就越严格。

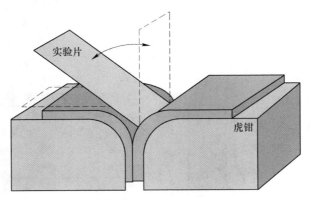

图 5-8　弯曲试验

（2）摩擦磨损法：通过采用锉刀或砂轮按一定角度打磨镀层表面来观察镀层有无起泡或剥离的方法（如图 5-9 所示）。锡或铜等柔软和延展性好的镀层不适合采用这种方法。

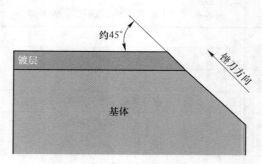

图 5-9   摩擦磨损法

（3）钢球压入法：采用洛氏硬度计（HRB）或布氏硬度计的钢球。将钢球压入镀层表面，观察是否有镀膜气泡或剥离的定性方法。

（4）埃里克森杯突试验法：该方法属于半定量法，用于评价钢板、色漆清漆及有关产品的镀层。在标准规定的实验方法下，进行压陷试验，使之逐渐变形后，判断钢板镀层的抗开裂或剥离的状况。也可逐渐增加压陷深度，通过判定测定钢板镀层刚开始出现开裂或开始剥离的最小深度，来评定镀层的附着性（如图 5-10 所示）。

（5）冷热法：这是用于印刷电路板或塑料表面镀层附着性的测试方法。将试片多次急冷急热，观察镀层的剥离情况。

（6）胶带剥离试验法：在镀层表面刻出网状（围棋盘状）刻痕，然后采用胶带黏贴并剥离，计算剥离掉的格数（如图 5-11 所示）。该方法多用于塑料上的贵金属薄镀层附着性试验。

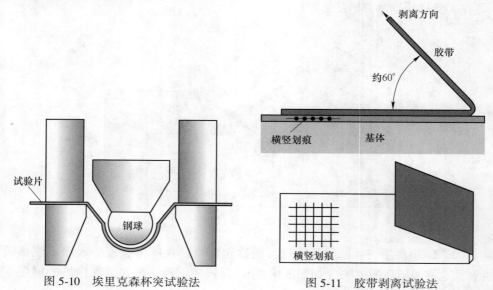

图 5-10   埃里克森杯突试验法

图 5-11   胶带剥离试验法

5.5.2 镀层的点蚀坑量测定——孔隙率试验

（1）铁锈试剂试验（ferroxyl test）：将镀层表面覆盖含有铁锈试剂（ferroxyl test solution）溶液（如表 5-7 所示）的滤纸，放置一定时间后清洗滤纸，铁基体与试剂发生反应，滤纸上形成黑绿色锈蚀斑点。根据滤纸上色斑的数量与大小判断孔隙率。

表 5-7　铁锈试剂成分

基体金属	成　　分		备　　注
铁	亚铁氰化钾	10g/L	黑绿色
	铁氰化钾	10g/L	
	氯化钠	60g/L	

（2）浸渍试验：将实验片放入在腐蚀性溶液中，通过腐蚀液对镀层孔隙下部基体金属产生腐蚀，观察腐蚀斑点的方法。还有一种通过将金属铜等置换孔隙来确定孔隙率的方法。

5.6　仪器分析法Ⅰ——电子显微镜和X射线荧光法

5.6.1　两种类型的电子显微镜——电子显微镜的种类和原理

以可见光为光源的光学显微镜无法观测到表面细微的形貌，但采用电子束则可观察到纳米级（nm）的极细微组织形貌与特征。电子显微镜包括透射式电子显微镜、扫描式电子显微镜等。

（1）透射式电子显微镜（TEM）：由于透射式电子显微镜（透射电镜）采用电子束代替光束，因此其不采用光学透镜而是采用电磁场透镜进行聚焦。为了防止电子枪发射出来的电子束受到空气中的气体分子阻碍，电子腔内需要达到 10^{-2} Pa 以下的真空状态。

透射电子显微镜的分辨率极高，放大倍数为几万到几百万倍，分辨率可达到 0.1~0.2nm 的程度。因此，使用透射电子显微镜不但可以用于观察样品的精细结构，甚至可以用于观察仅仅一列原子的结构，是光学显微镜分辨率的数万倍。TEM 在癌症研究、病毒学、材料科学、纳米技术以及半导体研究等许多科学领域都是非常重要的分析研究手段。

（2）扫描式电子显微镜（SEM）：扫描电子显微镜的原理是依据电子与物质的相互作用原理。当一束高能的入射电子轰击物质表面时，被轰击（照射）区域将会产生二次电子、俄歇电子、特征X射线和连续谱X射线、背散射电子、透射电子，以及在可见、紫外、红外光区域产生的电磁辐射等。同时，也可产生电子——

空穴对、晶格振动（声子）以及电子振荡（等离子体）。原则上讲，利用入射电子和被轰击物质的相互作用，可以获取被测样品本身的各种物理及化学性质方面的信息，如形貌、组成、晶体结构、电子结构以及内部电场或磁场等。

通过获取所产生的二次电子或背散射电子并进行增幅，在扫描的位置上即可根据电子束强度观察表面的变化状况并以图像的形式记录下来。高性能 SEM 的分解能力可达到 0.6nm，小型 SEM 装置也可达到 10nm 程度。

扫描电子显微镜中使用电子枪有场发射型和热电子发射型两种，不同种类电子枪的性能差别较大。场发射型的阴极温度较低，因此阴极材料的使用寿命长，但需要更高的真空度（10^{-7}Pa）。

5.6.2　X 射线荧光的发光原理——荧光 X 射线分析法

将分析样品放在 X 射线下照射，X 射线一部分透过，另一部分被吸收。而被吸收的 X 射线能量会激发被照射物质释放出特有波长的 X 射线（荧光），这些被激发放射出来的特殊波长 X 射线荧光包含了被分析样品化学组成的信息，通过对上述 X 射线荧光的强度分析即可获得被测样品中的各种成分等信息（如图 5-12 所示）。

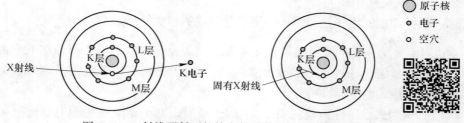

图 5-12　X 射线照射下的特定物质荧光 X 射线发射原理　　　扫一扫看彩图

X 射线荧光测量有两种类型：使用光谱晶体和测角仪的波长色散型和使用 X 射线波高分析仪的能量色散型两类，也就是通常所说的能谱仪和波谱仪，缩写分别为 EDXRF 和 WDXRF。

5.7　仪器分析法Ⅱ——X 射线衍射法、ICP 分光光度法、电子探针、X 射线光电子能谱分析法

5.7.1　X 射线衍射法（XRD）

X 射线衍射分析法（简称 XRD）是利用晶体对入射 X 射线形成的衍射，对物质内部原子在空间分布状况进行结构分析的方法。将具有一定波长的 X 射线（一般使用铜的 K_α 射线）照射到结晶性物质上时，X 射线因在晶体内遇到规则排

列的原子或离子而发生散射，散射的X射线在某些方向上相位得到加强，从而显示出与结晶结构相对应的特有的衍射现象。衍射X射线满足布拉格（W. L. Bragg）方程：$n\lambda = 2d\sin\theta$（λ是X射线的波长；θ是衍射角；d是结晶面间隔；n是整数）。根据衍射线峰出现的角度即可确定试样结晶的物质结构（如图5-13所示）。利用此分析方法不仅可知基体金属及镀层金属的种类，还可得知晶体结构、晶向以及细微晶体的晶粒大小。

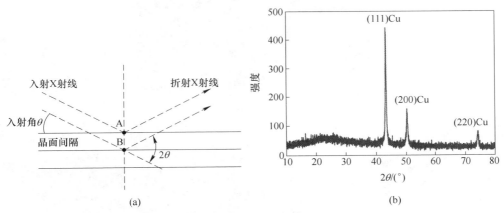

图5-13 X射线衍射法的测定原理（a）及铜的衍射曲线（b）

5.7.2 高频感应耦合等离子体分析——ICP分光光度法

ICP（高频感应耦合等离子体：inductively coupled plasma）是分光光度分析法的一种。将溶解有分析样品的水溶液喷雾到高温氩等离子体中时，其中所包含的组成元素（原子）会被激发。被激发的原子在返回低能位时会发射出该元素所特有的分光线（谱线），ICP法就是测量这种特有分光线的方法。

根据分光线的位置（波长）即可判断出元素种类，而根据强度则可判断出各元素的含量。ICP法可同时高感度分析出多种元素，因此在镀液、镀层的杂质、基体金属成分分析中被广泛使用。对大多元素来说，其检测下限大约在10ppb以下。

5.7.3 特性X射线分析——电子探针显微分析（EPMA）

电子探针显微分析（简称EPMA：electron probe micro analyser）是利用电子束照射激发试样中某一微小区域，使其产生特征X射线，通过测定该X射线的波长和强度，即可对该微区内的元素做出定性或定量分析（如图5-14所示）。该方法的分析宽度和深度均可达到数百纳米到数微米的范围。由于电子探针具有扫描功能，除了SEM图像外还可进行元素的测定。图5-15是NiCrAlY涂层高温处理后断面的元素分析结果。

图 5-14　电子探针显微分析仪（EPMA）

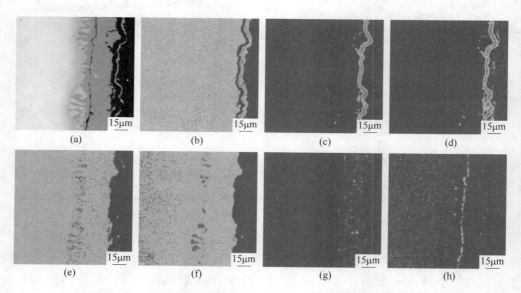

图 5-15　NiCrAlY 涂层在 1050℃氧化 100h 后的截面 EPMA 元素分布
（a）背散射电子图像；（b）Ni；（c）Al；（d）O；（e）Co；（f）Cr；（g）Y；（h）Ti

EPMA 的分析元素可从锂（Li）元素至铀（U）元素，可进行元素线分析或面分析。

5.7.4　利用光电子的能量进行分析——X 射线光电子能谱分析法（XPS/ESCA）

X 射线光电子能谱分析法（简称 XPS：X-ray photoelectron spectroscopy）或称 ESCA（electron spectroscopy for chemical analysis）是光电子分光分析法的一种。

用一束 X 射线照射固体试样表面，通过测定被激发的光电子能谱，即可获得试样构成元素及其电子状态（结合状态）。该方法可获知几乎所有的元素种类及其电子状态，例如二价和三价铁、三价和六价铬（如图 5-16 所示）等，其可将不同价的离子区分开来。

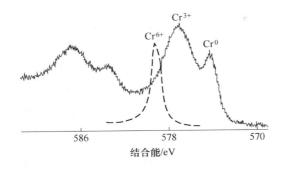

图 5-16　六价铬镀层表面的状态分析

图 5-16 中，实线为某铬镀层的实际 XPS 分析测试曲线，虚线为六价铬的峰值位置曲线。从图中可以得出，该铬镀层中并不存在六价铬离子。

知识栏

镀液的施镀性

在施镀工厂的现场，会使用各种各样的业界俗语。其中典型的就是"镀液的施镀性"。它指的是能对复杂工件的各个部位均可良好施镀以及镀层厚度均匀性这两方面的性能。从严格意义上来说，前者是指镀液的"覆盖能力"，而后者则指的是"电沉积均匀性"。英语分别是"covering power"和"throwing power"。

覆盖能力

覆盖能力是指被施镀工件由于复杂形状导致电流分布不均，其亦可对电流密度较低的部位也能有效施镀覆盖的能力。利用赫尔槽实验装置可测试出镀液的覆盖能力（如图 5-17 所示）。

电镀液的导电性越好，电镀时电极表面的过电压越高，电镀液的覆盖能力越好。人们喜欢采用氰化物浴来镀铜或镀锌就是因为氰化物浴具有这方面的优异性能。在氰化物浴中，金属离子转化为氰基络合物的形式，因此与仅存在金属离子的其他镀浴相比，其需要更高的过电压将金属离子析出，导致了覆盖力得到改善。

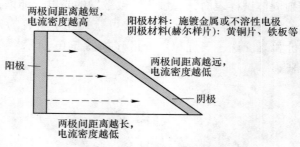

图 5-17   赫尔槽实验装置原理图

电沉积均匀性

电沉积均匀性是指镀浴具有均匀施镀（镀层厚度均匀）能力。氰化物浴就具有优异的均匀电沉积性能。在氰化物浴中，随着电流密度的增加，氢产生量的增加会导致电镀电流效率的降低，因此高电流密度部分的膜厚会小于其理论值。而低电流密度部位的电流效率下降并不大，这就导致了其镀层厚度会接近其理论值。因此，最终整体的结果是高电流部位与低电流部位之间的镀层厚度差减小，因而提高了镀层厚度的均匀性。

6 镀覆的环境保护及操作安全

6.1 镀覆污水的处理

镀覆生产过程，特别是湿式镀覆生产过程会对环境带来较大的污染。其主要污染来自从污水（排水）中排入大自然的各种污染物，如重金属离子、络合物、表面活性剂、有机物和清洗剂等。

6.1.1 污水处理绝对不能忽视——废水的环保处理

由于施镀过程中需要使用大量的有毒有害化学药品，清洗等工艺又会将其中一部分直接对外排放而造成环境污染。因此，需要尽最大的努力尽可能地有效回收并再利用这些化学物质。另外，如果污水排放量越少，则需要处理的排出废弃物就越少。因此，通过使用节水喷淋或多段水洗（如图 6-1 所示）等方法来减少污水量，同时强化收集和再利用排放的化学物质和污水就显得非常重要。

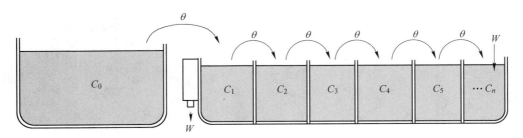

图 6-1　逆流多段水洗

C_0—镀液处理液原水浓度；C_1—第一段水洗槽浓度；C_n—第 n 段水洗槽浓度；
θ—单位时间出水量；W—单位时间给水量

以上的逆流多段水洗，符合以下关系：

$$C_n \approx C_0 \times \left(\frac{\theta}{W} \right)^n$$

即 C_n 中的 n 越多，水洗效率越高，因而单位时间的给水量 W 越少。

6.1.2 污水的分类——根据污水种类分类排放

施镀工程中，从预处理阶段开始即使用了大量的化学药品和金属材料，有时各种污水可能会出现相互矛盾的处理方法。另外，从资源回收的角度也不希望各种污水大混合后再进行处理。所以根据废水中所含有的物质不同，一般需要进行以下分类。

（1）酸碱系污水：将预处理的脱脂、酸洗以及各工艺之间中和用的酸、碱清洗液进行集中收集，并进行合理化综合处理或回收。另外，还可利用酸或碱对所含的金属进行分离。

（2）氰化物系污水：收集含有氰化物的污水。对于高浓度氰化物废液必须采用专业设备进行处理。

（3）铬酸系污水：收集含有有害六价铬的污水。对于不含六价铬而只含三价铬的污水，虽然可与上述的酸碱系污水混合进行处理。但为了更有效地处理含铬污水，近年来采用三价铬进行化学转化膜处理的企业，已开始采用其他的处理工艺方法。

6.1.3　具体的处理方法——按照污水种类分类处理

按照不同的污水种类，其具体的处理方法如下。

（1）酸碱系污水：这通常指的是含有 200mg/L 以下重金属的酸碱系污水（高浓度污水需要调整）的处理。采用酸或碱将 pH 值调整至 10~11 之间，将金属离子变成氢氧化物后絮凝沉淀分离。上清液达标后（过滤后 pH 再调整到5.8~8.6 之间），通过公用排污管道排放（如图 6-2 所示）。

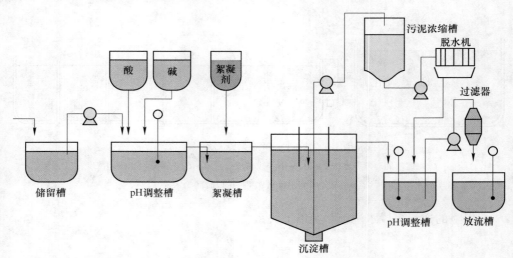

图 6-2　标准酸、碱类污水处理系统

当污水中含有重金属时，将 pH 调整至 10~11，形成氢氧化物沉淀（许多场合加入氢氧化钙（石灰水）促进沉淀）。沉淀污泥采用与图 6-2 同样的方法进行脱水处理。

（2）氰化物系污水：通常采用碱性氯化法进行处理。该处理法采用两阶段氰化物氧化反应处理，可处理浓度为 300mg/L 以下的含有重金属氰络合物的氰化物污水（氰化物浓度 10g/L 以上的高浓度废液另行处理）。当 pH 值为 10.5 以上时，添加次氯酸钠（NaClO）溶液，利用氧化还原电位计（ORP）保证氧化还原电位在 300mV 以上，氰化物氧化的一次分解反应（20min 以上）即可完成。

然后，将 pH 值降到 8~9 之间，在氧化还原电位 800mV 以上完成氰化物的二次分解反应。二次分解反应后，如果还存在铁氰络合物等，再加入硫酸亚铁和过量盐酸（氧化剂）进行还原（直到氧化还原电位降到 180mV 以下），再添加锌盐类将锌、铁氰络合物等变成不溶性化合物后沉淀分离（如图 6-3 所示）。

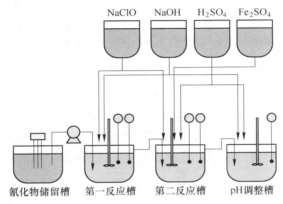

图 6-3　标准氰化物系污水处理法（碱性氯法）

（3）铬酸系污水：将污水的 pH 值调整到 3 以下，利用亚硫酸盐类（亚硫酸氢钠等）溶液将氧化还原电位维持在 250mV 以下，将六价铬还原成三价铬（10min 以上），如图 6-4 所示。

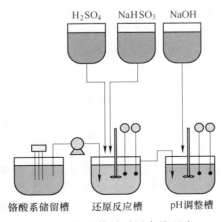

图 6-4　标准铬酸系污水处理法

（4）重金属类的沉降分离：一般将酸、碱类污水、氰化物系氧化处理后的污水（残留的过量盐酸采用硫酸亚铁等去除）以及铬酸系处理后的污水收集，并将 pH 值调整为 10~11 后，进行重金属的沉降分离（如图 6-5 所示）。

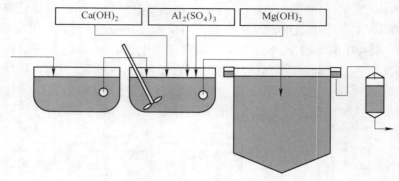

图 6-5　含有重金属污水的絮凝沉降处理

（5）一般电镀工厂的污水处理系统：综合以上各不同种类污水的处理，一般的电镀工厂将酸碱污水、氰化物系污水和铬酸系污水分为三个不同的处理系统，再根据工厂的排水状况（种类及其排水量）进行合理的搭配。废酸和废碱等需要合理利用，尽量做到不浪费（如图 6-6 所示）。

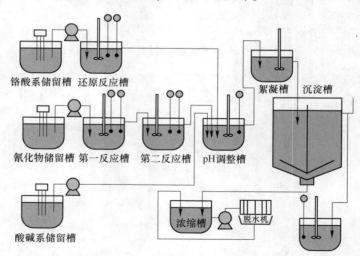

图 6-6　电镀污水处理标准流程图

重金属氢氧化物在碱性环境中仍有可能再次溶解，因此需要分别调整至最佳的 pH 值范围内（如图 6-7 所示）。添加絮凝剂以促进絮凝沉降，添加石灰水（氢氧化钙）和铁盐类溶液进行中和。为预防重金属溶出的可能性，还可添加硫化物（二硫化钠等）进行稳定沉淀。

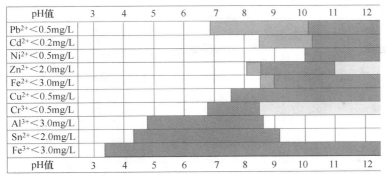

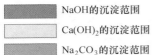

图 6-7　沉淀最适宜的 pH 值范围

扫一扫看彩图

图 6-7 显示出各种金属离子浓度保持在稳定值以下的 pH 值范围。许多金属的氢氧化物（例如氢氧化锌）会重新溶解在碱性溶液中。因此，保持适宜的 pH 值范围对于絮凝沉淀过程非常重要。这里需要注意的是，不同的碱性溶液其溶解性能是不一样的。

（6）含重金属污泥（sludge）的处理：通常将上述（4）沉降分离后的重金属污泥进行脱水机过滤脱水，变成含水率约 80% 的泥饼。为了达到回收泥饼中的重金属回收目的，希望尽可能按照不同的金属类别分别进行污泥脱水与处理。

污泥脱水一般采用压滤机进行低压（0.05MPa）过滤脱水。如果压滤压力过大，会导致凝胶状重金属氢氧化物变形压缩而过滤脱水困难。

（7）有价资源回收：为了完全回收贵金属，需要在施镀过程中设置回收清洗槽。高浓度污水利用电解回收，低浓度污水则采用离子交换树脂吸附后再脱溶回收。对于镍、铜等有价资源则通过泥饼回收。最近还出现利用各种金属最合适的硫化物进行沉淀和分离，并以硫化物作为回收资源的实际处理案例。

（8）其他污水处理：随着污水排放标准的不断提高，我国的环境保护法对工业排放污水中的污染物的排放浓度做出了如下规定。

第一类污染物排放标准如表 6-1 所示。

表 6-1　第一类污染物排放标准

污染物	最高允许浓度/mg·L^{-1}
总汞	0.05
烷基汞	不得检出
总镉	0.1

污染物	最高允许浓度/mg·L⁻¹
总铬	1.5
六价铬	0.5
总砷	0.5
总铅	1.0
总镍	1.0
苯并芘	0.00003

第二类污染物排放标准如表 6-2 所示。

表 6-2 第二类污染物排放标准

污染物/mg·L⁻¹	一级标准		二级标准		三级标准
	新扩建	现有	新扩建	现有	
pH 值	6~9	6~9	6~9	6~9	
色度（稀释倍数）	50	80	80	100	
悬浮物	70	100	200	250	400
生化需氧量，BOD	30	60	60	80	300
化学需氧量，COD	100	150	150	200	300
石油类	10	15	10	20	30
动植物油	20	30	20	40	100
挥发酚	0.5	1.0	0.5	1.0	2.0
氰化物	0.5	0.5	0.5	0.5	1.0
硫化物	1.0	1.0	1.0	2.0	2.0
氨氮	15	25	25	40	—
氟化物	10	25	25	15	20
磷酸酯	0.5	1.0	1.0	2.0	—
甲醛	1.0	2.0	2.0	3.0	
苯胺类	1.0	2.0	2.0	3.0	
硝基苯类	2.0	2.0	3.0	5.0	5.0
阴离子合成洗涤剂	5.0	10	10	15	20
铜	0.5	0.5	1.0	1.0	2.0
锌	2.0	2.0	4.0	5.0	5.0
锰	2.0	5.0	2.0	5.0	5.0

第一类污染物是指能在环境或动植物体内积累，并对人体健康产生长远不良影响的物质。第二类污染物是指长远不良影响远小于第一类的污染物。

现在对含锌、硼、氟等污水的有效处理需求也在不断增加。除了重金属，水中 pH 值、各种有机物和表面活性剂等，都对环境带来严重威胁。

6.2 排气与换气

镀覆过程中产生的废气主要是预处理过程中释放的酸雾、碱雾、加热的水蒸气，以及电镀过程中阴极析出气体中带出的含有镀液成分的气体等。

各种酸碱雾气主要对操作环境造成极大污染，并直接危害操作工人的皮肤和鼻咽等部位。有些还对周围环境造成污染，导致林木发黄枯死。电镀过程中释放出的气体以镀铬最为严重，因为镀铬的电流效率只有12%左右，大量的析出氢携带的铬酸雾成为严重污染物。现在推广的三价铬镀铬技术以及代铬镀层的研发，都是为了最终取消镀铬。

氰化物镀浴如氰化镀铜、氰化镀锌、氰化镀银等释放出的气体均有毒。如果有可取代的技术或工艺时，应该尽量实施无氰电镀工艺。

6.2.1 施镀过程中不可缺少的排气——排气时的注意要点

当进行存在有害气体或雾气释放的施镀或污水处理操作时，一定要注意排气和换气。排气过程中需要注意以下要点：

（1）对于有害气体或雾气，需要采用局部排气装置吸收并处理后方能排放，防止其对外扩散。对于产生有害气体或雾气的处理浴，其排气量需要符合以下标准（如表6-3所示）。

表6-3 排气量标准

处理液	标准排气量（单侧吸入）/$m^3 \cdot m^{-2} \cdot min^{-1}$	标准排气量（两侧吸入）/$m^3 \cdot m^{-2} \cdot min^{-1}$
镀铬浴	55	60
氰化物镀浴	45	50
电解清洗浴	45	50
酸清洗浴	50	55
化学抛光浴	55	60

注：$m^3 \cdot m^{-2} \cdot min^{-1}$：1分钟每平方米浴槽表面积所需要的排气量（立方米）。

图6-8为单侧排气图例。

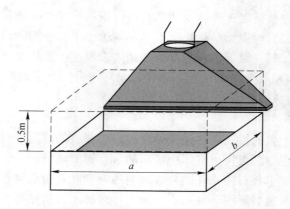

图 6-8　单侧排气示意图

排气量可以按照槽中液体表面积以下列公式计算：

$$Q = A \times q$$

式中　Q——排气量，m^3/min；

　　　A——镀槽表面积（$a \times b$），m^2；

　　　q——基准排气量，$m^3/m^2 \cdot min$；基准排气量大致为 $1m^3/m^2 \cdot s$，每秒至少需要按照镀槽表面积×0.5m 计算排气量。

（2）将抽取的有害气体或雾气中的有害成分充分清洗去除后方才能对外排放。

（3）由于从工厂内排气时会补充等量的进气，需要特别注意车间内的温度变化。

（4）与污水处理同样，需要区别酸碱、氰化物、铬酸、抛光等不同种类的排气处理。

（5）排气及其清洗装置需要耗费大量的电力，应注意避免能源浪费。

（6）排气装置是噪声、震动、粉尘等的主要发生源，也需要特别注意。

6.2.2　排气与清洗的后处理——排气及清洗处理

由于只有吸入口附近的空气才能发生流动，因此抽气口必须安装在距气体或雾气发生源最近的部位。一般采用围挡将发生源围住排气（局部排气）。排气时需要提供相应的供气，在某些场合，需要安装一个推拉型（push-pull type）的吸/排气口。

废气通过风管（duct）导入上述（4）所对应的不同种类排气的喷淋塔（scrubber）。喷淋塔采用填充物将废气与喷淋水（清洗水）逆向反复接触进行清洗（如图 6-9 所示）。

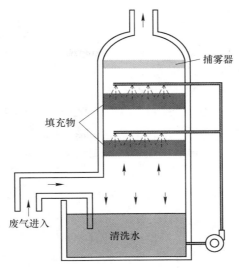

图6-9 废气喷淋塔

由于清洗水在储存槽内循环使用，因此需要定期对其进行无害化污水处理，还需要在排气口安装防止清洗水水雾逸散的捕雾器。

风管（duct）内的风量如图6-10所示。

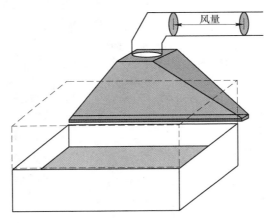

图6-10 风管内的风量

风管内的径向风速应保持在 10~13m/s。假设风管直径为 300mm，截面积为 0.07m²，风速设定为 10m/s 的话，则排风量应为 0.7m³/s。

排风机的功率（P）可按照下式进行概算：

$$P = (h \times Q \times \rho \times g)/(60 \times E \times 1000)$$

式中　P——排风机的功率；

　　h——排风机的风压；

　　Q——排气量；

　　ρ——气体密度（空气密度：1.293kg/m³）；

　　g——重力加速度，9.8m/s²；

　　E——排风机效率（通常为0.4~0.6）。

　　酸碱系气体的洗涤采用0.5%~1%的氢氧化钠或者碳酸钠水溶液，氰化物系气体采用氢氧化钠，铬酸系气体采用普通水溶液，硝酸系气体采用氢氧化钠和碳酸氢铵水溶液。另外，抛光研磨类气体还需要设置集尘装置（如图6-11所示）。

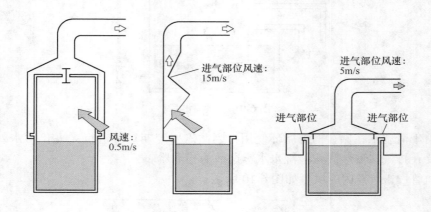

图6-11　各种排气形式以及风速

（a）隧道型；（b）变径侧吸型；（c）两侧吸入型

　　为了提高排气效率，在不妨碍操作的基础上，应尽可能将镀槽全部围住。一般的吸风口设计风速为0.25~0.6m/s。

6.2.3　补充新鲜空气——换气的必要性

　　除了需要补充与局部排气相对应的新鲜空气外，电镀车间还需要保证每小时至少15 m³/m²以上的换气量。

6.3　土壤污染对策

　　工厂地下的土壤和地下水均有相应的环境标准，不允许被污染。施镀设施特别需要注意污水的地下渗透。即使处理后达到标准的排水（应该比环境标准放宽近10倍左右）也不允许直接对外排放。已经被污染的工厂或设施必须进行严格和彻底地净化。另外，还必须努力防止新的土壤污染的发生或扩大。表6-4为土壤污染相关的环境标准。

表 6-4　土壤污染相关的环境标准　　　　　（单位：mg/L）

有害物质	水质（含地下水）	土壤（溶出水）	地下渗透水	排水标准
镉	<0.003	<0.003	<0.001	<0.003
全氰化物	无	无	<0.1	<1
铅	<0.01	<0.01	<0.005	<0.1
六价铬	<0.05	<0.05	<0.04	<0.5
总汞	<0.0005	<0.0005	<0.0005	<0.005
二氯甲烷	<0.02	<0.02	<0.002	<0.2
三氯乙烯	<0.03	<0.03	<0.002	<0.3
四氟乙烯	<0.01	<0.01	<0.0005	<0.1
硒类	<0.01	<0.01	<0.002	<0.1
氟	<0.8	<0.8	<0.2	<8
硼	<1	<1	<0.2	<10

6.3.1　防治污染的标准（相关构造、设施、使用方法）

（1）施镀及其污水、废气处理设施，必须设置脱离地面并可目视到泄漏的相应管道。

（2）地下结构设施必须采用双重构造，防止意外泄漏。

（3）为了防止设备产生意外泄漏，地面必须采用具有防止渗透地下的材料和构造。

（4）设备周围应该设置防止有害物质漫延地面造成渗透污染的构造，建设防溢堤。

（5）排水沟、储存槽应采用防渗漏材料。

6.3.2　防治污染的标准（设施的检查和管理标准）

（1）设施、附带设备、管道以及地面和排水系统等进行破损和泄露的定期检查，纪录保持一定时间。

（2）及时检查发现问题，立即进行必要的修复和处理。

（3）涉及有害物质的操作、运输，需要采取必要的措施防止一切泄漏和地下渗透，不得懈怠。

（4）万一出现泄漏，必须尽快正确处理。

6.3.3　具体的土壤污染防止对策

（1）需要充分了解与施镀相关的有害物质的特性及管理方法。

（2）地面结构上，需要在水泥地面基础上，再铺设防水砂浆和塑料系水泥或玻璃纤维增强塑料（FRP），氯系有机溶剂需要陶瓷系防水砂浆，氟系需要塑料材料，需要耐热的部位需要铺设例如不锈钢等金属板。

（3）地板修补一般采用快速凝固型氧化铝水泥、树脂系砂浆。

（4）配管下需要铺设防水的排水沟，地下配管需要质量优良并充足的连接配件。

（5）对于设置有存放镀液的地下土木工程储槽，在储罐外部的地面上需要铺设一个用于检查地下水污染的采水孔，并对其进行定期监控。

图 6-12 为电镀工厂防止土壤污染的厂房构造示意图。

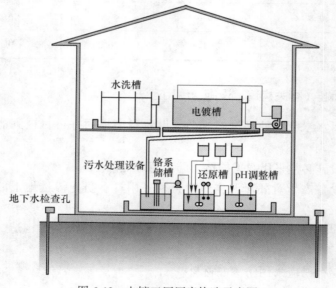

图 6-12　电镀工厂厂房构造示意图

扫一扫看彩图

这是一个有效防止工业污水对土壤污染的二层电镀设备及污水处理设备的结构示意图。地板采用 1/50 的坡度，排水管及排水沟采用 1/50~1/100，排水管径也必须与最大的可能流量相匹配。地面铺设采用如图 6-13（a）和图 6-13（b）所示的结构，操作设备置于其上。

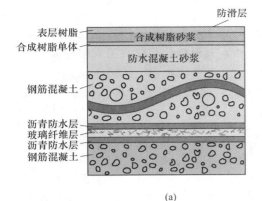

(a)

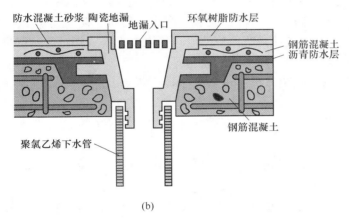

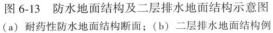

(b)

图 6-13　防水地面结构及二层排水地面结构示意图

(a) 耐药性防水地面结构断面；(b) 二层排水地面结构例

扫一扫看彩图

6.4　事故防止对策及危机管理——风险管理理念之一

6.4.1　你预测会发生什么样的事故？——事故案例

目前，国家正在加紧制定完善的防止地震、水灾等重大灾害发生时的事故预案。而对于使用有害物质的设施，需要制定完备的安全操作规程及应急突发事故发生时的紧急援救管理（事故发生时的应急管理）体制。施镀工厂发生过的典型事故案例有如下几种：

(1) 火灾发生时消防水被灌入镀槽，导致有害物质溢出造成环境污染。

(2) 大雨造成工厂被淹，镀槽内镀液流失造成环境污染。

(3) 地震导致镀槽、配管受损使镀液或污水流出而污染环境。

(4) 室外废气喷淋塔或风管受损，导致污水顺着雨水沟流入公共水域造成污染。

（5）废酸误混入氰化物废液中，导致生成氰化氢气体，工人中毒。

（6）氯化物有机溶剂流入地下水槽，其气体导致检查工人中毒。

（7）污水处理设施进行补药操作时，配药罐的药液管道泄漏。

（8）放假期间大型镀槽的过滤器外管脱落，导致镀液从排水沟泄漏造成环境污染。

6.4.2　施镀工厂是否反复讲演了安全操作规程？——综合危机管理

危机管理最重要的目的就是确保生产安全，推荐以下的安全对策。

（1）组织机构：以总经理为首成立各部门负责人参加的安全管理委员会。

（2）制定操作规程：按照各个部门，制定完善的建造物、仪器设备、器材、药材、防灾（防火、灭火、防水、防液、防震、漏水、防毒、防尘灯）的安全管理、维护管理、事故管理、通报管理及修复管理等操作规程，并对每一位员工进行彻底的教育并反复实施训练，不断进行改善等。

（3）教育训练：定期组织全体员工进行安全操作规程及相关教育培训（在岗、脱产培训）。

（4）定期检查和内部监察：包括外部委托在内的定期检查和内部监察，并详细记录在案，遇到问题立即改善。

（5）改善小组和提议活动：充分利用 QC 活动收集第一线建议并及时予以改进。

（6）积极利用社会第三方机构：与当地防灾管理组织（消防组织）等外部机构紧密携手合作。

（7）认定：申请 ISO 9001、ISO 14001 等管理认证。

通过以上风险管理加上危机管理、通报管理和修复管理等的彻底实施，再加上应急突发事件发生时应急预案、对应训练，完善的安全操作和对策。一般的风险管理的思考流程如图 6-14 所示。

以下是一般电镀工厂的放置紧急事故发生的规程例（一般预案）。

（1）目的：明确"事故及紧急状态的可能性"，制定相应的对应预案。

（2）适用：适用于紧急事故发生时的应对方案。

（3）责任与权限：本规定的制定与修改的责任与权限为公司质量管理部。

（4）紧急情况发生时的联络：各主要部门的负责人联络方式（包括手机号码）。

（5）设想可能发生的紧急事故：

1）镀液流出：氰化物镀液，铬酸系镀液，酸碱液等。

2）火灾：电加热器长期使用导致的发烟、着火；各种有机处理剂导致的

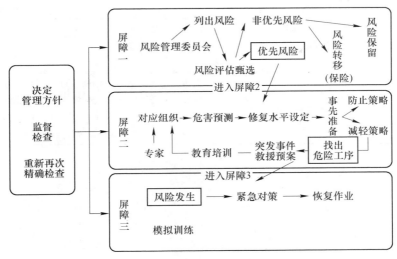

图 6-14　风险管理思考流程图

着火。

3）爆炸：电解脱脂槽（氢气爆炸）；氧化剂与还原剂混合导致的爆炸；有机溶剂以外燃烧爆炸。

4）各种处理槽及配管、排水管等的泄漏。

5）排水、排气处理装置的破损和故障等导致的泄漏或处理不良等。

6）剧毒物品、危险物品的丢失与被盗。

（6）处理对策。

（7）预防对策。

（8）改进措施：对可能发生的事故，进行不断的对策培训并及时改进相关措施。

（9）紧急事故对策训练：定期对各部门人员进行培训。

6.5　事故防止对策及危机管理——风险管理理念之二

6.5.1　施镀工厂的事故处理——事故对策

根据业界的调查，在过去发生的大地震灾害时，发生最多的事故就是药液的流失。对于上节所描述的施镀工厂发生过的事故需要按照表 6-5 所示对应。

表 6-5　施镀工厂特有事故及其对策

有害药液流失	各种储液槽的倒塌、破损及其相关的配管破损等情况的对应和综合管理

有害气体泄漏	最危险的是酸碱液混合导致的爆炸、氰化氢气体发生、有机溶剂的着火、窒息、麻醉等事故的对应与管理
接触药剂导致的爆炸	氧化剂（无水铬酸、硝酸、过氯酸盐、过硫酸盐、浓硫酸等）和还原剂（碳化物等）、有机溶剂（酒精类、醋酸类等）、木材、纤维类（特别是包装物）直接接触所导致的着火或爆炸等事故的对应和管理

6.5.2　必要的外部环境管理——操作环境管理

　　工厂的环境管理对于施工安全也至关重要。良好的外部环境管理不但是企业的社会责任之一，也涉及企业的生存与持续发展。

　　（1）镀液流出厂外的对策。对于企业日常处理的溶液、清洗液以及残渣、沉淀物、器材、擦拭物品等有害物质均不允许随意处置，需要进行有效的管理和处理。

　　（2）火灾对策。彻底管理各种加热装置、灭火器材。铭记事故发生时紧急操作、火灾时的紧急对应和及时上报流程。规范制作有害物质溶液时的操作步骤和注意事项以及事后处理等。

　　（3）爆炸对策。彻底贯彻防止电解脱脂槽氢气爆炸、有机溶剂着火、氧化剂混合引起爆炸等的预防措施及教育、厂内严禁烟火、穿着防护用具、灭火防爆装置的严格管理等。

　　（4）排水管道泄漏。尽可能及时发现泄漏点，管道铺设在可见之处。如果埋设在难以监测处，应设置间接测试方法（如 pH、分析、发光等）。

　　（5）污水处理设施事故对策。从前的污水处理设施埋在地下的居多，因此较难发现因排水管道破损而出现的跑冒滴漏现象。地下储槽或配管需要想办法进行双层保险或可视化改造。设置防止液体逸出的防溢堤和设置埋入式地下污染监控探头等。处理槽、储槽等要尽可能的地表化，努力杜绝对土壤的一切可能性污染。

　　（6）化学药品事故对策。严格按照国家和行业相关化学药品管理法规进行操作。事先对保管方法以及地震、火灾时的紧急对策进行明确的规范并确保其管理体系。

知识栏

关于恶臭限制的条例（恶臭防止法）

　　施镀产业中重要的环保法规有水质污染防治法、土壤污染防治法以及大气污染防治法等。日本于1971年还制定了第91号法律——恶臭防止法。从名称就知道是有关恶臭的法规。该法律对工厂等企事业单位在生产活动中产生的恶臭进行必要的控制，以确保良好的生活环境和国民健康。产生恶臭的物质一般为氨、硫化氢和醛类有机物等物质。由于施镀产业使用的这些物质不多，因此出现的类似事故似乎并不多见。

恶臭是"令人感到厌恶的味道或不愉快的味道"的统称，分为六个强度指数进行评价（见表6-6）。具体测定由具有日本国家认定资格的臭气判定师实施，通常在规定范围内进行测定，臭气强度一般在2.5~3.5之间。

表6-6　臭气强度表示法

臭气强度	感 知 程 度
0	无臭味
1	能隐约感到味道（检测仪器测量下限）
2	能感觉到微弱的味道（检测仪器的测试范围内）
3	明显感到臭味
4	感觉到较强的臭味
5	强烈的刺鼻味道

另外，按照标准，这些强度指数对应一定的臭气指数。这是根据臭气的强度与人的感知综合的一个数值化指数。感觉是基于"巴伯-费希纳定律"，按照以下公式表示：

$$N = 10\log（臭气浓度）$$

式中　N——臭气指数。

按照恶臭防止法制定的臭气强度2.5~3.5，其所对应的臭气指数为10~21之间。臭气浓度表示的是采用清洁空气稀释到闻不到臭气味道后的空气数倍。例如臭气浓度为1000，则表示将该臭气稀释1000倍后就不再感觉到臭气味道的意思。由于臭味强度与浓度的对数成正比。也就是说浓度增加1倍，我们基本上感觉不到气味的变化，而浓度增加10倍则会感觉非常明显。

不仅气味遵循这样的对数关系，人类的其他感觉（光线，声音强度，味觉强度等）都遵循同样的规律（史蒂文斯幂定律）。例如，人眼可以适应从中午刺眼的太阳亮度到一根蜡烛的亮度，其原因是人眼具有可在较宽的范围调整外部刺激的调整能力（10倍）。

7　镀覆技术基础知识汇总

7.1　金属材料基础知识

7.1.1　铁、钢、铸铁之间的区别

7.1.1.1　按照碳含量进行分类——铁的分类

铁中碳含量（碳元素含量）的变化会带来其性质的巨大变化。铁碳平衡相图如图 7-1 所示。

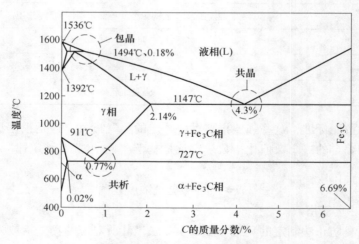

图 7-1　铁-碳平衡相图

γ—奥氏体；α—铁素体；L—液相；Fe₃C—渗碳体

图 7-1 是学习和研究钢铁材料所必需的铁-碳平衡状态图，又称平衡相图。按照碳含量的不同，钢铁材料可大致分为以下三类：

（1）含碳量小于 0.02%——纯铁，或称为铁；

（2）含碳量在 0.02%~2.14% 之间——钢；

（3）含碳量在 2.14%~6.67% 之间——铸铁。

碳含量及温度对组织和晶体结构的影响很大，快冷（淬火）以及快冷后的回火等处理方法均可对钢铁材料的性质带来巨大的影响。

7.1.1.2 铁与钢的区别——铁与钢的特性

纯铁强度低，不适合做结构材料。将碳元素作为合金元素添加进铁中就形成了钢（steel）。碳含量越高则强度（硬度和拉伸强度）会明显增高。碳素钢的碳含量一般在0.02%~2%之间。而除了碳元素以外，一般还添加镍、铬、钼、铜等其他金属元素，形成高强度和高塑性的合金钢。

7.1.1.3 软钢和硬钢——碳素钢的分类

碳素钢是含碳量在0.02%~2.11%的铁碳合金。一般还含有少量的硅、锰、硫、磷。一般碳素钢中含碳量越高则硬度越大，强度也越高，但塑性越低。碳素钢可分为软钢和硬钢两大类。

（1）软钢：含碳量在0.18%~0.3%，相对柔软，韧性较高。

（2）硬钢：含碳量在0.4%~1.5%，强度高，塑性较低。

这里所指的强度，是指材料的硬度、拉伸强度和耐力等性能。塑性则是指拉伸、弯曲等性能。一般来说强度与塑性成反比。

钢的牌号简称钢号，是对每一种具体钢产品所取的名称，是人们了解钢的一种共同语言。我国的钢号表示方法，根据国家标准《钢铁产品牌号表示方法》（GB 221—79）中的规定，我国采用汉语拼音字母、化学元素符号和阿拉伯数字相结合的方法表示。即：钢号中的化学元素采用国际化学符号表示，例如Si，Mn，Cr……等。混合稀土元素用"RE"表示。产品名称、用途、冶炼和浇注方法等，一般采用汉语拼音的缩写字母表示。钢中主要化学元素含量（%）采用阿拉伯数字表示。

（1）碳素结构钢：

1）由Q+数字+质量等级符号+脱氧方法符号组成。它的钢号冠以"Q"，代表钢材的屈服点，后面的数字表示屈服点数值（MPa）。例如Q235表示屈服点（σ_s）为235MPa的碳素结构钢。

2）必要时钢号后面可标出表示质量等级和脱氧方法的符号。质量等级符号分别为A、B、C、D。脱氧方法符号：F表示沸腾钢；b表示半镇静钢；Z表示镇静钢；TZ表示特殊镇静钢，镇静钢可不标符号，即Z和TZ都可不标。例如Q235-AF表示A级沸腾钢。

3）专门用途的碳素钢，例如桥梁钢、船用钢等，基本上采用碳素结构钢的表示方法，但在钢号最后附加表示用途的字母。如压力容器用钢Q345R、焊接气瓶用钢Q295HP、锅炉用钢Q390g、桥梁用钢Q420q等。

（2）优质碳素结构钢：

1）钢号开头的两位数字表示钢的碳含量，以平均碳含量的万分之几表示，例如平均碳含量为 0.45% 的钢，钢号为 "45"，俗称 45 号钢。

2）锰含量较高的优质碳素结构钢，将锰元素标出，例如 50Mn。

3）沸腾钢、半镇静钢及专门用途的优质碳素结构钢应在钢号最后特别标出，例如平均碳含量为 0.1% 的半镇静钢，其钢号为 10b。

（3）碳素工具钢：

1）钢号冠以 "T"，以免与其他钢类相混。

2）钢号中的数字表示碳含量，以平均碳含量的千分之几表示。例如 "T8" 表示平均碳含量为 0.8%。

3）锰含量较高者，在钢号最后标出 "Mn"，例如 "T8Mn"。

4）高级优质碳素工具钢的磷、硫含量，比一般优质碳素工具钢低，在钢号最后加注字母 "A"，以示区别，例如 "T8MnA"。

（4）易切削钢：

1）钢号冠以 "Y"，以区别于优质碳素结构钢。

2）字母 "Y" 后的数字表示碳含量，以平均碳含量的万分之几表示，例如平均碳含量为 0.3% 的易切削钢，其钢号为 "Y30"。

3）锰含量较高者，亦在钢号后标出 "Mn"，例如 "Y40Mn"。

（5）合金结构钢：

1）钢号开头的两位数字表示钢的碳含量，以平均碳含量的万分之几表示，如 40Cr。

2）钢中主要合金元素，除个别微合金元素外，一般以百分之几表示。当平均合金含量<1.5% 时，钢号中一般只标出元素符号，而不标明含量，但在特殊情况下易致混淆者，在元素符号前亦可标以数字 "1"，例如钢号 "12CrMoV" 和 "12Cr1MoV"，前者铬含量为 0.4%~0.6%，后者为 0.9%~1.2%，其余成分全部相同。当合金元素平均含量≥1.5%、≥2.5%、≥3.5%……时，在元素符号后面应标明含量，可相应表示为 2、3、4……等。例如 18Cr2Ni4WA。

3）钢中的钒 V、钛 Ti、铝 AL、硼 B、稀土 RE 等合金元素，均属微合金元素，虽然含量很低，仍应在钢号中标出。例如 20MnVB 钢中。钒为 0.07%~0.12%，硼为 0.001%~0.005%。

4）高级优质钢应在钢号最后加 "A"，以区别于一般优质钢。

5）专门用途的合金结构钢，钢号冠以（或后缀）代表该钢种用途的符号。例如铆螺专用的 30CrMnSi 钢，钢号表示为 ML30CrMnSi。

（6）低合金高强度钢：

1）钢号的表示方法，基本上和合金结构钢相同。

2）对专业用低合金高强度钢，应在钢号最后标明。例如 16Mn 钢，用于桥梁的专用钢种为 "16Mnq"，汽车大梁的专用钢种为 "16MnL"，压力容器的专用钢种为 "16MnR"。

（7）弹簧钢：

弹簧钢按化学成分可分为碳素弹簧钢和合金弹簧钢两类，其钢号表示方法，前者基本上与优质碳素结构钢相同，后者基本上与合金结构钢相同。

（8）滚动轴承钢：

1）钢号冠以字母 "G"，表示滚动轴承钢类。

2）高碳铬轴承钢钢号的碳含量不标出，铬含量以千分之几表示，例如 GCr15。渗碳轴承钢的钢号表示方法，基本上和合金结构钢相同。

（9）合金工具钢和高速工具钢：

1）合金工具钢钢号的平均碳含量≥1.0%时，不标出碳含量；当平均碳含量<1.0%时，以千分之几表示。例如 Cr12、CrWMn、9SiCr、3Cr2W8V。

2）钢中合金元素含量的表示方法，基本上与合金结构钢相同。但对铬含量较低的合金工具钢钢号，其铬含量以千分之几表示，并在表示含量的数字前加 "0"，以便把它和一般元素含量按百分之几表示的方法区别开来，例如 Cr06。

3）高速工具钢的钢号一般不标出碳含量，只标出各种合金元素平均含量的百分之几。例如钨系高速钢的钢号表示为 "W18Cr4V"。钢号冠以字母 "C" 者，表示其碳含量高于未冠 "C" 的通用钢号。

（10）不锈钢和耐热钢：

1）钢号中碳含量以千分之几表示。例如 "2Cr13" 钢的平均碳含量为 0.2%；若钢中含碳量≤0.03%或≤0.08%者，钢号前分别冠以 "00" 及 "0" 表示之，例如 00Cr17Ni14Mo2、0Cr18Ni9 等。

2）对钢中主要合金元素以百分之几表示，而钛、铌、锆、氮……等则按上述合金结构钢对微合金元素的表示方法标出。

（11）焊条钢：

它的钢号前冠以字母 "H"，以区别于其他钢类。例如不锈钢焊丝为 "H2Cr13"，可以区别于不锈钢 "2Cr13"。

（12）电工用硅钢：

1）钢号由字母和数字组成。钢号头部字母 DR 表示电工用热轧硅钢，DW 表示电工用冷轧无取向硅钢，DQ 表示电工用冷轧取向硅钢。

2）字母之后的数字表示铁损值（W/kg）的 100 倍。

3）钢号尾部加字母 "G" 者，表示在高频率下检验的；未加 "G" 者，表示在频率为 50 周波下检验的。例如钢号 DW470 表示电工用冷轧无取向硅钢产品在 50Hz 频率时的最大单位重量铁损值为 4.7W/kg。

（13）电工用纯铁：

1）它的牌号由字母"DT"和数字组成，"DT"表示电工用纯铁，数字表示不同牌号的顺序号，例如 DT3。

2）在数字后面所加的字母表示电磁性能：A—高级、E—特级、C—超级，例如 DT8A。

7.1.1.4 铸铁的性质

铸铁（castiron）是专用于铸造的铁基合金，通常含硅量在 2% 左右。熔点较低，由铁素体、珠光体和石墨所组成。

铸铁又硬又脆，切削性与耐磨损性能优异，震动吸收能力强，因此多作为机床的机身、发动机机身等被广泛使用。

7.1.1.5 不生锈的钢——不锈钢

不锈钢——铁中添加了 10.5% 以上的铬元素导致耐腐蚀性大幅提高的钢。其耐热性、加工性和强度均很优异。"不锈钢"仅仅是一种统称，目前的"不锈钢"有 100 多个品种。不锈钢按照热处理后的显微组织可分为奥氏体不锈钢（主要是 Cr18-Ni18 系及其衍生钢种）、铁素体不锈钢、马氏体不锈钢（主要是 Cr13 系列）、奥氏体-铁素体双相不锈钢及沉淀硬化型不锈钢 5 大类。奥氏体型是无磁或弱磁性，马体体或铁素体是有磁性的。典型的两种不锈钢的铬含量如下：

（1）铁素体不锈钢（SUS410）：铁素体不锈钢（400 系）含铬量在 15%~30%，具有体心立方晶体结构。这类钢一般不含镍，有时还含有少量的 Mo、Ti、Nb 等元素，这类钢具有导热系数大、膨胀系数小、抗氧化性好、抗应力腐蚀优良等特点，多用于制造耐大气、水蒸气、水及氧化性酸腐蚀的零部件。铁素体不锈钢为磁性钢。

（2）奥氏体不锈钢（SUS304）：钢中含 Cr 约 18%、Ni 8%~10%、C 约 0.1% 时，具有稳定的奥氏体组织。奥氏体铬镍不锈钢包括著名的 18Cr-8Ni 不锈钢和在此基础上增加 Cr、Ni 含量并加入 Mo、Cu、Si、Nb、Ti 等元素发展起来的高 Cr-Ni 系列钢。奥氏体不锈钢无磁性而且具有高韧性和塑性，但强度较低，不可能通过相变使之强化，仅能通过冷加工进行强化，如加入 S、Ca、Se、Te 等元素，则具有良好的易切削性。

7.1.2 铝与铝合金

铝是地球上以化合物的形式广泛分布的一种元素，其与硅和氧元素一起，是组成地壳的主要元素之一。铝为银白色金属，热导性和电导性优异、加工性能好、重量轻，是一种被广泛使用的金属材料。

铝极容易被氧化，在空气中会形成一层致密、稳定的约 10nm 的惰性氧化物保护膜，因而在室内环境下具有良好的耐腐蚀性，但其耐盐酸、碱和海水的能力较差。另外，铝属于两性金属，可被酸或碱溶解。

7.1.2.1 铝合金

纯铝非常柔软，因此需要合金化来改善其使用性能。铜、锌可提高强度，锰、镁可提高耐蚀性，镍可提高耐热性，硅可改善其铸造性能。因此，可以根据不同的用途予以适量添加。

7.1.2.2 轧制用铝合金

目前使用的铝合金型号及主要合金成分如表 7-1 所示，四位数字为国际通用的铝合金型号。轧制材是指通过轧制（压延）、锻造或挤出方式生产出来的产品，为 4000 系列合金。非热处理型为 1000 系的纯铝、3000 系的 Al-Mn 合金（制罐材料）和 5000 系的 Al-Mg 合金（建材），这些材料可以通过加工硬化和固溶强化调整材料强度，并具有耐腐蚀的特点。我们日常见到的铝箔（厚度 $10 \sim 15 \mu m$）则是采用双层 1000 系铝合金压延，然后剥离而制成的。

表 7-1 铝合金型号、成分及其特征与应用

合金系列	组成分	主相	类型	特征与应用
1000 系	纯铝	单相	非热处理	加工性、耐腐蚀性、电导性、热导性好，但强度低。导电材料、铝箔、化学工业容器类使用
2000 系	Al-4Cu 系	双相	热处理	被称为硬铝、超硬铝而知名的高强材料，耐腐蚀性不够。广泛用于飞机结构件、油压部件等
3000 系	Al-Mn 系	单相	非热处理	加工性、耐蚀性、强度良好。飞机构件、啤酒饮料罐、容器、房梁等
4000 系	Al-Si 系	双相	均可	耐磨损性能良好。飞机构件、啤酒饮料罐、锻造活塞、耐磨部件等
5000 系	Al-Mg 系	单相	非热处理	强度、耐蚀性、加工性、焊接性优异。建材、船舶、车辆、飞机构件、啤酒饮料罐盖体等
6000 系	Al-Mg-Si 系	双相	热处理	强度、耐蚀性良好。建筑装饰、门框、车辆等
7000 系	Al-Mg-Si 系 Al-Zn-Mg-Cu 系	双相	热处理	高强材料，其中 Cu 系是铝合金中强度最高的材料。飞机构件、体育用具等

7.1.2.3 铸造铝合金

铸造铝合金是以熔融金属充填铸型，获得各种形状零件毛坯的铝合金。具有低密度，比强度较高，抗蚀性和铸造工艺性好，受零件结构设计限制小等优点。

其分为 Al-Si 和 Al-Si-Mg-Cu 为基的中等强度合金；Al-Cu 为基的高强度合金；Al-Mg 为基的耐蚀合金；Al-Re 为基的热强合金。大多数需要进行热处理以达到强化合金、消除铸件内应力、稳定组织和零件尺寸等目的。用于制造梁、燃汽轮叶片、泵体、挂架、轮毂、进气唇口和发动机的机匣等。还用于制造汽车的气缸盖、变速箱和活塞，仪器仪表的壳体和增压器泵体等零件（见表 7-2）。

表 7-2 主要的铸造铝合金

代号（合金系）	特　性	用途
ZL102 （Al-Si 系）	适合制作复杂形状、包庇铸件，但耐久性不足	箱盖、幕墙等
ZL104、ZL101 （Al-Si-Mg 系）	Al-Si 系中添加 Mg，得到高强度、高韧性合金。由于不含 Cu，因此耐蚀性优良	发动机部件、机械结构用部件
ZL105、ZL105A （Al-Si-Cu-Mg 系）	铸造性、力学性能良好，主要用于对耐压性要求较高的零件	水冷汽缸盖、发动机盖
ZL302 （Al-Mg 系）	耐腐蚀性、阳极氧化性能优异，韧性好，但铸造性能差	船舶部件、办公用品、椅子、把手、雕刻材料
ZL109 （Al-Si-Cu-Ni-Mg 系）	铸造性良好，耐热性、脑磨损性优异，膨胀系数小	活塞杆、轴承、皮带轮

金属铝是极易铸造的材料，并可以通过热处理来改善性能，因此可根据不同的应用条件获得所需要的力学性能。与钢铁铸造品相比，其耐热性虽然较差，但其重量较轻。另外，压铸还具有极易大量生产的特点（见表 7-3）。

表 7-3 压铸用铝合金

JIS 合金代号	合金成分	特　性
ADC1	Al-Si 系	耐蚀性、组造性能优异，但耐持久性略低
ADC3	Al-Si-Mg 系	耐冲击、耐持久性优异，耐腐蚀性与 ADC1 相同，铸造性能不好
ADC5	Al-Mg 系	耐腐蚀性最佳，拉伸、冲击性好，铸造性能不好
ADC6	Al-Mg 系	耐腐蚀性略次于 ADC5，铸造性能略好于 ADC5
ADC10	Al-Si-Cu 系	力学性能、切削性能、铸造性能好
ADC12	Al-Si-Cu 系	力学性能、切削性能、铸造性能好
ADC14	Al-Si-Cu 系	耐磨损性能、耐持久性好，但拉伸、铸造性能较差

7.1.2.4 铝及铝合金的用途

铝及其铝合金是目前用途最广的非铁金属材料。这是由于其具有许多非常优异的性能。从家庭日用品到食品包装、高层建筑、航空、车辆、船舶、电信产品、金属机械、产业机械等方面均获得了广泛应用。

如目前所使用的 A7075 铝合金，被称为超超杜拉铝（extra super duralumin），就是由日本研究开发并实用化的一种著名高强度铝合金材料。

7.1.3　铜与铜合金

7.1.3.1　工业与生活不可缺少的铜——铜的特性

铜是工业和日常生活中不可缺少的一种典型非铁金属材料。由于铜具有面心立方（FCC）晶体结构，因此其特点为压延和挤压等加工性能优异、切削性能优异、导电性和导热性优异等。特别是其导电性仅次于银，因此是电子、电气产业不可缺少的金属材料。

7.1.3.2　使用非常广泛的铜合金——铜合金的种类

铜合金的分类方法有三种：

（1）按照合金种类分类：按照合金系划分，可分为非合金铜和合金铜。非合金铜包括高纯铜、韧铜、脱氧铜、无氧铜等，习惯上，人们将非合金铜称为紫铜或纯铜，也叫红铜。而其他铜合金则属于合金铜。我国和俄罗斯把合金铜分为黄铜、青铜和白铜，然后在大类中再划分小的合金系。

（2）按照功能分类：按照功能划分，有导电导热用铜合金（主要有非合金化铜和微合金化铜）、结构用铜合金（几乎包括所有铜合金）、耐蚀铜合金（主要有锡黄铜、铝黄铜、各种白铜、铝青铜、钛青铜等）、耐磨铜合金（主要有含铅、锡、铝、锰等元素的复杂黄铜、铝青铜等）、易切削铜合金（铜-铅、铜-碲、铜-锑等合金）、弹性铜合金（主要有锑青铜、铝青铜、铍青铜、钛青铜等）、阻尼铜合金（高锰铜合金等）、艺术铜合金（纯铜、简单单铜、锡青铜、铝青铜、白铜等）。许多铜合金都具有多种功能。

（3）按照材料形成方法：按照材料形成方法划分，可分为铸造铜合金和变形铜合金。其中90%以上为变形铜合金。变形铜合金制品中绝大多数是黄铜制品。事实上，许多铜合金既可以用于铸造，又可以用于变形加工。通常变形铜合金可以用于铸造，而许多铸造铜合金却不能进行锻造、挤压、深冲和拉拔等变形加工。铸造铜合金和变形铜合金又可以细分为铸造用紫铜、黄铜、青铜和白铜。

1）纯铜。纯铜分为无氧铜、韧铜和脱氧铜三类，其最大的区别就是含氧量。但这三种铜的纯度均达到99.9%以上，导电性和导热性非常优越，强度低于其他铜合金。

2）黄铜（Cu-Zn 合金）。黄铜是最常用的一种铜合金（见表7-4）。其基本成分为 Cu 和 Zn 的合金，再添加铅、锡、铝、镍等可形成多种类型的黄铜合金。

表 7-4　黄铜的种类

JIS 合金编号	种　　类	备注
C2600	70%Cu、30%Zn	七三黄铜，又称为"yellow brass"
C2801	60%Cu、40%Zn	六四黄铜，颜色为金黄色
C3604	57%~61%Cu、1.8%~3.7%Pb，其余 Zn	快削黄铜
C3771	60%Cu、1%~2.5%Pb，其余 Zn	锻造黄铜
C4600	海军黄铜	添加 Sn，提高耐海水腐蚀性
C2100	95%Cu、0.05%Pb、0.05%Fe，其余 Zn	又称为"goldbrass"

　　黄铜分为七三黄铜、六四黄铜、65 黄铜、快削黄铜、海军黄铜、金钟黄铜（1%Sn）、铝黄铜、高强度黄铜等。

　　3）青铜（Cu-Sn 合金）。青铜（bronze）是纯铜（紫铜）加入锌与镍以外的金属所产生的合金，如加入锡、铅或铝的铜合金。古时青铜器埋在土里后颜色因氧化而变成青灰，故命名为青铜。与纯铜相比，青铜强度高且熔点低（含 25%锡的青铜，熔点就会降低到 800℃，纯铜的熔点为 1083℃）。青铜的铸造性好，耐磨且化学性质稳定。

　　Cu-Sn 系铜合金又称锡青铜，其中还有添加少许磷（P）元素的磷青铜、快削青铜和铝青铜等。俗称的炮铜是添加了约 10%Sn 的铜合金，以前主要用以造炮身（如图 7-2 所示）。现代海军炮铜为 88%Cu、10%Sn 和 2%Zn，用于制造重负荷、低速的齿轮和轴承。磷青铜约含 3.5%~9%Sn，其弹性优异，被广泛用于电器产品的导电性弹簧片。

图 7-2　青铜制的青铜炮

　　锡青铜的铸造性能、减摩性能和力学性能较佳，适合于制造齿轮、轴承、蜗轮等。

铅青铜适合于制造发动机的轴承材料。

铝青铜强度高，耐磨性和耐蚀性较佳，常用于铸造高载荷的轴套、齿轮、船用螺旋桨等。

铍青铜适合于制造煤矿和油库的无火花工具。

铍青铜和磷青铜的导电性较佳，弹性极限高，适合于制造电接触元件和精密弹簧。

4）高铜合金。指的是高含量铜的铍铜、钛铜、锆铜、锡铜、铁铜、科森合金（4%Ni、1%Si，其余Cu）等的合金。在不显著损失铜的高导电性、高导热性的基础上，有效地提高了强度。

虽然合金元素含量的增加提高了力学性能，但难免会导致导电性下降。

7.1.4 锌、锡

7.1.4.1 牺牲性阳极——锌

锌在干燥空气中几乎不会被氧化，而在潮湿空气，特别是受到二氧化碳的影响，表面会受到腐蚀生成碱性碳酸锌薄层。

锌与铁或钢相比更容易失去电子，因此与铁相接触会变为牺牲性阳极而阻止铁被腐蚀。由于锌本身比铁具有更强的耐腐蚀性，因此钢铁材料的锌镀层，是目前最主要的防腐蚀性镀层。

（1）锌合金：被称为扎马克（Zamak）的锌基压铸合金，是以锌为基础加入其他元素所组成的合金。其被广泛用于压铸用合金（锌基体中添加4%Al、少量Cu和微量Mg）。JIS标准中的ZDC1和ZDC2金属即属于这类合金（见表7-5）。

表7-5 锌基压铸合金的种类

种类	JIS型号	合金系	特　征	使用案例
锌基压铸合金1	ZDC1	Zn-Al-Cu	力学性能和耐腐蚀性能优异	转向锁、安全带卷收器、录像齿轮、紧固件扣件等
锌基压铸合金2	ZDC2	Zn-Al	铸造性及施镀性优异	汽车散热器格栅盖、汽车门把手、门框、PC端口、自动售货机把手、大型冰库门把手等

注：压铸是一种利用高压强制将金属熔液压入形状复杂的金属模内的一种精密铸造法，在压铸机上进行的金属模具压力铸造。这是目前生产效率最高的一种铸造工艺。

（2）锌及锌合金的用途：由于锌比铁的活泼性更高，因此被广泛用于钢铁材料的防腐镀层。镀锌铁板就是其代表案例。

另外，在造船业采用将金属锌安装在船体水下部分作为阳极被腐蚀，通过电解质海水不断释放出电子进入钢铁船体，使船体成为阴极而得到保护。干电池的阴极材料也采用锌合金。金属锌的熔点低，还被广泛用于压铸材料使用。

7.1.4.2　自古以来被广泛使用的锡

锡被分类为碳族元素中的金属元素。锡（Sn）是一种略带蓝白色的有光泽金属，其熔点低（232℃）、比较安全，所以自古以来金属锡或锡合金就获得了广泛的应用。锡与铅的合金是经典的钎焊合金（最近由于对铅的限制，正在逐渐转向无铅钎焊合金，见表7-6）、锡与铜的合金（青铜）是锡合金中的一种典型代表。

表 7-6　不含铅的钎焊合金种类与特征

分类	组成	熔点/℃		特　征
		固相	液相	
Sn-Ag 系	Sn-Ag	221		优异的蠕变性能，但抗冲击力弱
	Sn-Ag-Cu	217	219～230	
	Sn-Ag-Bi-In	194～206	206～217	
	Sn-Ag-Cu-Ni-Ge	217	219～221	
Sn-Cu 系	Sn-Cu	227	227～229	耐腐蚀性好，光泽度好，但熔点略高
	Sn-Cu-Ni-Ge	227	227～340	
Sn-Bi 系	Sn-Bi	138～139	138～141	熔点低，润湿性好；但硬度高，对振动和冲击的抵抗力较弱
	Sn-Bi-Ag	136～138	138～204	
	Sn-Bi-Cu	139	170	

（1）锡的用途：除了钎焊以外，还有镀锡钢板（如图7-3（a）所示）、白色轴承合金（含铜和锑的锡合金）、伍德合金（wood's alloy）、镓铟锡合金（galinstan alloy）这样的低熔点合金（如图7-3（b）所示）、铟与锡的氧化物（ITO）除用于液晶显示器或有机 EL 电极外，还广泛在钠灯中的红外线反射材料和乘用车的阻热玻璃中使用。

（2）锡的相变：锡是一种延展性优异、在常温下不易氧化、化学性质稳定、光泽度好的金属。但它有一个致命的弱点，就是既怕冷又怕热。只有在 13.2～161℃ 的温度范围内其物理和化学性质才最稳定，这就是我们常见到的 β-Sn "白锡"。锡元素有白锡、灰锡这 2 种同素异形体。在不同环境下，金属锡可以有不同的结晶状态。当温度从室温冷却到 13.2℃ 以下时，白锡会产生相变形成一种新的结晶形态，即灰锡（α-Sn）。这时密度从 $7.28g/cm^3$ 减少到 $5.8g/cm^3$，导致体积膨胀。这种相变速度一般比较缓慢，通常不易发生。但是，在寒冷地带该相变

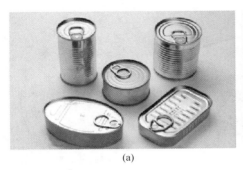 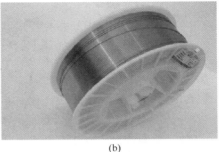

(a)　　　　　　　　　　　　　　　　　(b)

图 7-3　锡的部分应用案例

（a）马口铁罐头；（b）钎焊焊丝

则会加速进行。相变一旦发生就会产生像肿大和起泡一样的突起，就像人类得了"瘟疫"一样。另外，未染上"锡瘟疫"的金属锡，一旦和有"锡瘟疫"的金属锡相接触，也会像"被传染同样的病症"而逐渐"腐烂"掉，就像传染病一样很快波及整体。其结果是导致锡制品很快疏松破坏。我们将此形象地称之为"锡瘟疫"。

7.1.5　其他金属材料（镍、铬、镁、钛）

7.1.5.1　各种合金中的镍—金属镍的特性

镍（nickel）的元素符号是 Ni，元素周期表中原子序数 28，相对原子质量58.69，是Ⅷ族金属。密度 8.9g/cm³，熔点 1455℃，沸点 2730℃。在盐酸和稀硫酸中会缓慢被溶解，在稀硝酸中会迅速被溶解。

镍是一种银白色金属，在空气中容易被空气氧化，表面形成有些发乌的氧化膜，因此人们见到的金属镍常呈现发乌的颜色。

金属镍质地坚硬，有很好的延展性，磁性和耐腐蚀性。镍在地壳中的含量也非常丰富。在自然界中以硅酸镍矿或硫、砷化合物的形式存在。镍常被用于制造不锈钢、合金结构钢以及电镀、高镍基合金和电池等领域，广泛用于飞机、雷达等各种军工制造业，民用机械制造业和电镀工业等。我国目前发行第五套人民币硬币，1元硬币材质为钢芯镀镍，5角硬币材质为钢芯镀铜合金，1角硬币材质为铝合金（如图 7-4 所示）。

在镍和铁中添加钼或铬制成的合金称为坡莫合金，这是一种非常优异的软磁材料，被广泛用于变压器铁芯和磁头等方面。另外，36%Ni-64%Fe 合金是因瓦合金，36%Ni、52%Fe 和 12%Co 的合金是著名的艾琳瓦合金。因瓦合金的热膨胀率极小，而艾琳瓦合金则在相当宽的温度范围内其弹性模量变化实际上是零。

图 7-4　镍合金应用例

7.1.5.2　防止生锈的金属铬——金属铬的特性

铬（chromium），元素符号是 Cr，元素周期表中原子序数为 24，相对原子质量 52.00，是ⅥB 族金属。密度 7.20g/cm³，熔点（1857±20）℃，沸点 2672℃。

铬是一种银白色金属，质地极硬，耐腐蚀，稳定性极高，因此常被用于装饰性镀铬。另外，由于电镀铬硬度较高，因此在工业上也被广泛用于硬质铬镀层。

当钢铁中的铬含量超过 10.5% 以上时，则该钢铁材料表面会形成与金属铬相同的钝化膜而被称为不锈钢。不锈钢由于不生锈而被广泛应用于工业及生活中的各个方面。金属铬由于其熔点高、加工性能差，因此无法作为基体金属材料使用。

7.1.5.3　工业中最轻的金属镁——金属镁的特性

镁是目前在工业上被广泛使用的最轻的金属，密度 1.74g/cm³，熔点 648.8℃，沸点 1107℃。

纯金属镁的强度虽然小，但镁合金却是良好的轻型结构材料，被广泛用于航空、航天、汽车及仪表等方面。一架超音速飞机约有 5% 的镁合金构件，一枚导弹一般消耗 100~200kg 镁合金。镁也是其他合金（特别是铝合金）的主要成分：与其他合金元素相配合能使铝合金热处理获得强化；球墨铸铁用镁作球化剂；而有些金属（如钛和锆）的生产又必须用镁作还原剂；镁还是燃烧弹、照明弹和闪光弹不可缺少的组成物；镁粉是节日烟花必需的原料；镁在核工业上用作结构材料或包装材料。除了作为各种金属的添加剂外，镁还在炼钢时被用作脱氧剂和脱硫剂。

近年来，随着高耐腐蚀性和耐燃性的新型镁合金的开发，人们期待着金属镁在结构材料方面发挥出更大的作用。

7.1.5.4　耐腐蚀性和耐热性兼优的钛——金属钛的特性

钛（titanium），元素符号 Ti，原子序数 22，在化学元素周期表中位于第 4 周期、第ⅣB 族。密度 4.506 ~ 4.516g/cm³（20℃），熔点（1668 ± 4）℃，沸点（3260±20）℃。

钛是一种银白色的过渡族金属，其特征为重量轻、强度高、具金属光泽、耐湿氯气腐蚀。其表面形成的氧化物非常稳定，因此具有与铂、金几乎相同的耐腐蚀性。特别是室温下，对于酸和盐具有极高的耐腐蚀性。

由于钛的强度高、密度小、耐热性高、耐腐蚀能力强，因此被广泛应用于飞机、潜艇、自行车、体育用具、化工厂、生物植入体等各个方面（如图 7-5 所示）。

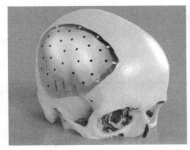

图 7-5　金属钛的应用例

7.2　化学基础知识

7.2.1　水溶液和酸、碱

7.2.1.1　为什么会下酸雨？——酸雨形成机理

水中溶解的氢离子（H^+）和氢氧根离子（OH^-）量的比例不同，会导致水呈现中性、酸性和碱性。例如雨是地面上的水分蒸发，在空中遇冷凝聚再变成水滴落下的结果。因此，雨水应为中性的凝聚态蒸馏水。但由于大气中的二氧化碳溶入水中形成碳酸（H_2CO_3）而呈现出弱酸性（pH 值约为 5.6）。再加上石化燃料燃烧释放出的二氧化硫（亚硫酸气体 SO_2）、汽车排放的氮氧化物（NO_x）等溶解在雨水中，生成亚硫酸（H_2SO_3）、硫酸（H_2SO_4）和硝酸（HNO_3）等，这就是酸雨形成的原因。

7.2.1.2　H⁺ 或 OH⁻ 的生成反应及酸和碱的定义——阿伦尼乌斯定理

盐酸是一种如下式所示溶于水并产生 H^+ 的酸。

$$HCl \longrightarrow H^+ + Cl^-$$

氢氧化钠是一种如下式所示溶于水并产生 OH^- 的碱。

$$NaOH \longrightarrow Na^+ + OH^-$$

H_2O 将 H^+ 授予 NH_3，所以 H_2O 是一种酸。NH_3 从 H_2O 中获得 H^+ 所以 NH_3 是碱。这种情况，酸与碱必须是成对的。而对于像 H_2O 来说，其对应的物质不同可以是酸也可以是碱。

7.2.1.3　弱酸的电离度随浓度而变化——酸、碱强弱与电离度

酸和碱的强弱一般来说是根据电离度（已电离的电解质分子数占总分子数的百分数）来判定。酸碱水溶液越稀释，其电离度越接近 1（100%）。通常我们所涉及的酸碱溶液均为电离度（α）接近于 1 的少数强酸碱和 α 在 0.1 以下的大多数弱酸碱，位于中间位置的极少（见表 7-7）。

（1）酸和碱的强弱分类：

表 7-7　强酸、弱酸与强碱、弱碱例

强酸	弱酸	强碱	弱碱	
HCl	CH_3COOH	LiOH	NH_3	$HClO_4$：次氯酸、CH_3COOH：醋酸、HCN：氰化氢、H_2S：硫化氢、$Ca(OH)_2$：氢氧化钙、$Al(OH)_3$：氢氧化铝、$Fe(OH)_2$：氢氧化亚铁
HNO_3	HCN	NaOH	$Cu(OH)_2$	
H_2SO_4	H_2CO_3	KOH	$Al(OH)_3$	
$HClO_4$	H_2S	$Ca(OH)_2$	$Fe(OH)_2$	

（2）浓度与电离度的关系：电解液的浓度越稀，则其电离度越接近 1。对于弱酸、弱碱，通常浓度（0.1~1.0mol/L）时的电离度意味着很小（见表 7-8）。

表 7-8　醋酸的浓度与电离度

浓度/mol · L⁻¹	电离度
1①	0.005
0.01	0.043
0.0001	0.43
0.00001	0.95

①通常浓度。

7.2.2　物质的量

7.2.2.1　用 mol 表示的量——摩尔（mol）、物质的量和摩尔质量

构成化合物的各元素的原子量的和我们称之为化学式量或分子量。将化学式量用单位克表示的质量就相当于 1 摩尔质量。例如氯化钠（NaCl）的分子量为

Na 和 Cl 的原子量（23 和 35.5）的和 58.5，因此 1mol 氯化钠的量为 58.5g。而镍（Ni）的原子量为 58.7，因此 1mol 镍的量为 58.7g。

广义上来说，将各种物质的原子量或分子量后面加上单位克（g）就是这种物质 1mol 的质量，被称为摩尔质量，单位为 g/mol。例如氢原子（原子量为 1）、氧原子（原子量 16）、氢分子（分子量为 2）、氧分子（分子量为 32）、水分子（分子量为 18）、氯化钠（分子量为 58.5）、镍（原子量为 58.7）的摩尔质量分别为 1g/mol、16g/mol、2g/mol、32g/mol、18g/mol、58.5g/mol 和 58.7g/mol。

另一个重要的概念是，无论是原子还是分子，1mol 所包含的粒子数均为 $6.023×10^{23}$ 个，这个数值我们称之为阿伏伽德罗常数（N_A）。对于气体来说，标准状态下（0℃、1 大气压）1mol 气体的体积均为 22.4L/mol。气体的体积（V）随温度（T）的升高而增大，随压力（P）的增大而减小。这被称为波义耳-马利奥特（Boyle-Marriote）定律。

$$PV = nRT$$

式中　P——压力；

　　　V——体积；

　　　T——绝对温度；

　　　R——气体常数；

　　　n——物质的量。

7.2.2.2　1mol 冰、水、水蒸气的质量——状态变化和阿伏伽德罗常数、摩尔质量的关系

将 22.4L（0℃、1 大气压）的氧气和二氧化碳气体降温冷却变为液态氧和二氧化碳干冰，液化和固化时没有质量变化和分子数量的变化。也就是说，摩尔质量没有变化，其阿伏伽德罗常数（N_A）均为 $6.023×10^{23}$ 个。

7.2.2.3　质量与各物质的质量、个数、气体体积之间的关系式

物质的量：$n = w/M$、$n = V/22.4$、$n = N/N_A$。阿伏伽德罗常数：$N_A = 6.023×10^{23}$ 个。其中，N 为个数；M 为摩尔质量，g/L；V 为体积，L。固体、液体的摩尔质量与摩尔体积如表 7-9 和表 7-10 所示。

表 7-9　固体、液体的摩尔质量

物质	C	Al	Fe	Zn	Au	H_2O	NaOH	NaCl
分子量	12	27	56	65.4	197	18	40	58.4
摩尔质量 /g·mol^{-1}	12	27	56	65.4	197	18	40	58.4

注：摩尔质量为 1 摩尔纯物质的质量。1 摩尔纯物质指的是 $6.023×10^{23}$ 个分子的质量。所有气体的摩尔体积为 22.4L/mol。

表 7-10   固体、液体的摩尔体积

物质	Al	Fe	Zn	Au	NaOH	NaCl	$CuSO_4 \cdot 5H_2O$
摩尔体积/mL·mol^{-1}	10	7.1	9.2	10.2	18.8	27.0	109.0

7.2.3   摩尔浓度和规定浓度

7.2.3.1   决定化学反应方程式——容量摩尔浓度和化学当量

化学上所采用浓度，绝大多数为容量摩尔浓度（mol/L）。1 摩尔浓度（1mol/L）为 1L 溶液中含有 1mol 溶质。而在酸碱滴定、氧化还原滴定、电化学反应中使用的当量浓度我们称之为规定浓度（单位：当量/L），采用符号 N 表述。

当量（equivalent）表示的是在化学反应中反应物之间的相当量（物质相互作用时的质量比值）。化学反应式中反应物的化学当量数是一致的，而摩尔数则不一定一致。

例如下面的化学反应中反应物质的摩尔数分别为 2、1，摩尔数不一致。而其当量数是一致的，均为 4。

$$2H_2+O_2 \longrightarrow 2H_2O$$

7.2.3.2   什么是化学当量？——化学当量的定义

（1）对于元素的当量来说，我们将 1g 氢原子和 8g 氧原子确定为 1 个当量。对于其他原子，将 1g（1mol）氢原子与 8g（1/2mol）氧原子化合形成的其他原子的克数定义为 1 个当量。元素的当量 = 元素的原子量/元素的化合价（绝对值）。

氧化钙（CaO）为 16g 氧原子和 40g 钙原子化合而成，也就是说，8g 氧元素对应 20g 钙元素，因此 Ca 的 1 个化学当量为 20。我们把某化合物与 1 个当量的氢或 1 个当量的氧或 1 个当量的任何其他物质完全作用时所需要的量，称为该化合物的当量。

（2）在酸碱中和反应中，1 当量是 1mol H^+ 所对应的酸的克数或 1mol OH^- 所对应的碱的克数。例如 1mol H^+ 所对应的 HCl、H_2SO_4 和 H_3PO_4 的克数，即 1 个当量分别为 36.5、98/2 和 98/3。对于碱来说，NaOH 和 Ca(OH)$_2$ 的 1 当量分别为 1mol 的 OH^- 所对应的克数，其 1 当量分别为 40 和 74/2。

（3）氧化还原反应中，1 当量相当于 1mol 电子的化合物的克数。例如氧化剂［高锰酸钾(KMnO$_4$)］、还原剂［乙二酸(COOH)$_2$］参与反应的电子数分别为 5 和 2，因此 1 当量的 KMnO$_4$（分子量 158）为 158/5 = 31.6g，1 当量的 (COOH)$_2$（分子量 90）为 90/2 = 45g。

7.2.3.3 中和、氧化反应的定量计算——1克当量和规定浓度

摩尔浓度是单位体积（L）溶液中含溶质的摩尔数，摩尔浓度的单位为摩尔每升，用符号 mol/L 表示。

当量为无量纲数。将其用质量 g 做单位时就是 1g 当量。例如氧的 1g 当量是 8g、H_2SO_4（分子量为 98）的 1g 当量为 98/2＝49g、$KMnO_4$ 的 1g 当量为 158/5＝31.6g。1L 溶液中溶解 1g 当量溶质的溶液为 1 规定浓度。1mol 浓度的 $KMnO_4$ 为 158g/L，而 1 规定浓度则为 31.6g/L。综上所述，同种溶质的摩尔质量是克当量的几倍，该溶液的规定浓度就等于该溶液摩尔浓度的几分之一。

7.2.3.4 化学当量总结

$$化学当量 = \frac{原子量或分子量}{价数} = \frac{酸的分子量}{氢离子数} = \frac{氧化剂的分子量}{参与反应的电子数}$$

有关化学当量的定义如表 7-11～表 7-14 所示。

表 7-11 物质量与化学当量

物质量	化学当量
（单位：mol）	（单位：无）
摩尔质量	克当量
原子量+g	当量+g
分子量+g	－
摩尔浓度/mol·L^{-1}	规定浓度/eg·h^{-1}
HCl（酸）1mol/L	1N
H_2SO_4（酸）1mol/L	2N
（COOH）$_2$（还原剂）1mol/L	2N
$KMnO_4$（氧化剂）1mol/L	5N

表 7-12 摩尔质量与克当量的关系

原子/分子	原子量	分子量	当量	原子/分子的当量数	摩尔质量（克原子）/g	克当量/g
H	1	—	1	1	1	1
O	16	—	8	2	16	8
H_2	—	2	1	2	2	1
HCl	—	36.5	36.5	1	36.5	36.5
H_2SO_4	—	98	349	2	98	49
$KMnO_4$	—	158	31.6	5	158	31.6
（COOH）$_2$	—	90	45	2	90	45

表 7-13　中和反应的摩尔数关系和当量数关系

（以 $H_2SO_4 + 2NaOH \rightarrow Na_2SO_4 + 2H_2O$ 反应为例）

摩尔数	1	2
质量/g	98	$40 \times 2 = 80$
1 当量	49	40
当量数（质量/当量）	2	2

注：中和反应中的摩尔数不相等，但当量数相等。该反应中反应物的当量数均为 2。

表 7-14　氧化还原反应的摩尔数关系和当量数关系

（以 $2KMnO_4 + 5(COOH)_2 + 3H_2SO_4 \rightarrow 2MnSO_4 + 10CO_2 + K_2SO_4 + 8H_2O$ 为例）

摩尔数	2	5
质量/g	158×2	90×5
1 当量	31.6	45
当量数	10	10

注：摩尔数不相等，但当量数相等。该氧化还原反应中的氧化剂（$KMnO_4$）和还原剂（$COOH$）$_2$ 的当量数均为 10。

7.2.4　氢离子浓度和 pH 值

7.2.4.1　纯水几乎不导电——水的离子积

水中的离子浓度记号用 ［ ］ 表示。如氢离子浓度为 ［H^+］、氢氧根离子浓度为 ［OH^-］。水中无论溶解的是碱、酸、盐还是其他化合物，均含 H^+ 和 OH^- 这两种离子并保持着化学平衡。如果 K 为平衡常数，则下式成立。

$$H_2O \rightleftharpoons H^+ + OH^- \tag{7-1}$$

$$\frac{[H^+][OH^-]}{[H_2O]} = K \tag{7-2}$$

如果我们认为水溶液中水的摩尔浓度为 ［H_2O］ $= 1000g/18g = 55.5mol/L$。则式（7-2）中的 ［H^+］［OH^-］$= 55.5 \times K = K_W$。两离子的乘积 K_W 我们称为水的离子积。

以上关系在纯水中也成立。纯水中的水分子电离后也会产生同样数量的氢离子和氢氧根离子，且两离子的数量相等。

$$[H^+] = [OH^-] \tag{7-3}$$

7.2.4.2　H^+ 如果增加的话，则 OH^- 减少——［H^+］和［OH^-］的浓度关系

从 25℃时纯水的电导率可算出 ［H^+］$=$［OH^-］$= 1.0 \times 10^{-7}mol/L$，因此其离子积为 $K_W = 10^{-7} \times 10^{-7} = 10^{-14}(mol/L)^2$。$K_W$ 只与温度有关，温度越高其值越大（见表 7-15）。

表 7-15　离子积与温度的关系

温度/℃	$K_W/(mol \cdot L^{-1})^2$
0	0.185×10^{-14}
10	0.292×10^{-14}
25	1.008×10^{-14}
50	6.151×10^{-14}

注：1. $pH = -\log[H^+]$，$K_W = 10^{-14} = [H^+][OH^-]$（25℃）。

　　2. 以上关系式对其他水溶液亦成立，即纯水或水溶液中加入酸或碱，会导致 $[H^+]$ 和 $[OH^-]$ 相应增减，但总量不变。例如纯水中添加 NaOH，使 $[OH^-]$ 增加到 $[OH^-] = 10^{-2} mol/L$，则 $[H^+]$ 会减少为 $[H^+] = 10^{-12} mol/L$，而总量仍然为 $10^{-14} mol/L$。

纯水中添加酸则会导致 $[H^+]$ 的离子浓度增高，对于碱液亦同理。采用氢离子浓度 $[H^+]$ 虽然可以表示溶液的酸碱性程度，但是非常不方便，我们因此采用 $[H^+] = 10^{-n}$ 中的 n 来表示其酸碱性。

7.2.4.3　pH 的 1 个数字差是其实际离子浓度差的 10 倍——pH 的定义

上述的 $[H^+] = 10^{-n}$ 中的 n，我们称为氢离子指数，用 pH 值来表示。

$$pH = \log(1/[H^+]) = \log(1/10^{-n}) = \log 10^n = n \qquad (7-4)$$

离子积 pH+pOH = 14 依然成立。

由于 pH 为浓度的对数值，因此 pH 值相差 1 倍，则离子浓度相差 10 倍。酸性、碱性与 pH 值范围的关系如表 7-16 所示。

表 7-16　酸性、碱性与 pH 值范围的关系

项目	酸性（0.01mol/L HCl）	纯水	碱性（0.01mol/L NaOH）
$[H^+]$	10^{-2}	10^{-7}	10^{-12}
$[OH^-]$	10^{-12}	10^{-7}	10^{-2}
K_W	10^{-14}	10^{-14}	10^{-14}
pH 值	2	7	12
pOH 值	12	7	2

7.2.4.4　pH 值的测定方法

（1）pH 试纸：pH 值变化会导致 pH 试纸的颜色发生很大变化，常用的为石蕊试纸。酸性溶液导致试纸呈现红色，碱性溶液呈现蓝色。

（2）pH 计：pH 计是以电位测定法来测量溶液 pH 值的。pH 计的主要参与测量的部件是玻璃电极和参比电极，玻璃电极对 pH 值敏感，而参比电极的电位稳定。将 pH 计的这两个电极一起放入同一溶液中，H^+ 可以通过玻璃膜进入玻璃电极内部，这样就构成了一个原电池，而这个原电池的电位，就是这玻璃电极和参比电极电位的差值（如图 7-6 所示）。

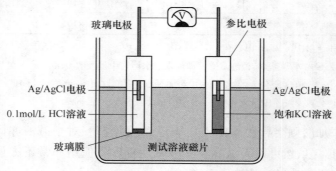

图 7-6　玻璃电极 pH 计的构成原理

pH 计的参比电极电位稳定，在温度保持稳定的情况下，溶液和电极所组成的原电池的电位变化，只和玻璃电极的电位有关，而玻璃电极的电位取决于待测溶液的 pH 值，因此通过对电位的变化测量，就可以得出溶液的 pH 值。

7.2.5　氧化与还原

7.2.5.1　"被氧化"是什么意思？——化学反应中的氧化还原判定

根据氧化还原的定义，可根据表 7-17 来判定被氧化或被还原的原子。

表 7-17　氧化还原的定义

项　目	氧化（被氧化）	还原（被还原）
氧原子得失	得到氧元素	失去氧元素
氢原子得失	失去氢元素	得到氢元素
电子得失	失去电子	得到电子
离子价的增减	离子价增加	离子价减少

（1）根据氧原子得失判断：

$$Fe_2O_3 + 2Al \longrightarrow 2Fe + Al_2O_3 \tag{7-5}$$

由于 Al 得到氧原子，因此是被氧化。Fe 失去氧原子，因此被还原。

（2）根据氢原子得失判断：

$$I_2 + H_2S \longrightarrow 2HI + S \tag{7-6}$$

I_2 从 H_2S 获得氢原子，因此是被还原。H_2S 失去氢原子，因此是被氧化。

（3）根据电子得失判断：

$$2Na + Cl_2 \longrightarrow 2NaCl \tag{7-7}$$

Na 失去电子，因此是被氧化。Cl 获得电子，因此是被还原。

（4）根据离子价增减判断：

$$I_2 + H_2S \longrightarrow 2HI + S \tag{7-8}$$

I 的离子价从 0 减少为 -1，因此是被还原。S 的离子价从 -2 增加到 0，因此是被氧化。

判断离子键结合的原子间电子得失非常容易。而共价键结合只是原子之间的电子发生偏移，并不是完全交换。因此，判断共价键结合的原子间的转移就显得较难。这里利用离子价的概念就很容易判断。如果共价键之间的电子是转移到阴性更负的原子一侧，则每个原子被赋予一个整数的离子价。表 7-18 为多离子价的例子。

表 7-18　多离子价的例子

项目	+6	+5	+4	+3	+2	+1	0	−1	−2
Cu	—	—	—	-	CuO	Cu_2O	Cu	—	—
Cr	CrO_3	—	—	Cr_2O_3	CrO	—	Cr	—	—
S	H_2SO_4	—	SO_2	—	—	—	S	—	H_2S

7.2.5.2　被氧化、被还原——氧化剂与还原剂

氧化剂的作用对象是被氧化物质，还原剂的作用对象是被还原物质。7.2.5.1 节中式（7-5）、式（7-6）、式（7-7）中的 Fe_2O_3、I_2、Cl_2 在被还原的同时，将对方氧化，因此被称为氧化剂。而 Al、H_2S、Na 被氧化的同时，将对方还原，因此被称为还原剂。由于氧化和还原是同时发生的，我们称某种元素"将对手氧化"或"被还原"，指的其实是相同的内容。

氧化还原反应中氧化剂与还原剂之间转移的电子数相等时，则会发生完全的反应。即以下公式成立：

氧化剂的当量数＝还原剂的当量数

7.2.6　络合离子

7.2.6.1　络合剂的作用

从镀液的组成来看，由单一盐类组成制成的镀浴很少（如硫酸铜镀浴），几

乎所有的镀浴都是由络合剂、电导率盐和 pH 缓冲剂等组成。其中，络合剂主要起以下作用。

（1）与采用单一盐类所获得的镀层相比，多种盐类所组成的镀浴可提高均匀电沉积性和镀层附着力。例如与镀锌的氯化物浴相比，含有络合物氰化钠（NaCN）的氰化物浴的均匀电沉积性要优异得多。

（2）通过形成络合离子，可极大促进难溶化合物的溶解。

（3）所生成的镀层的理化性能大大提高。

7.2.6.2　施镀最常用的络合剂——氰络合剂的作用

首先，络合剂的添加可调整水合离子（离子跟水分子结合生成的带电微粒）的浓度。

例如，在氰化物锌镀浴中，发生如下的化学平衡。

$$[Zn(H_2O)_4]^{2+} + 4CN^- \longleftrightarrow [Zn(CN)_4]^{2-} + 4H_2O$$

增加氰化物离子 CN^- 的浓度，会导致化学平衡向右移动，使 $[Zn(H_2O)_4]^{2+}$ 离子减少，$[Zn(CN)_4]^{2-}$ 离子增加。也就是说，通过改变络合剂 NaCN 的浓度，即可控制直接影响电沉积性的水和离子浓度。

水和离子的浓度变化直接影响着锌的电析起始电位。随着 $[Zn(H_2O)_4]^{2+}$ 浓度的降低，电析起始电位向负方向移动。也就是说，极化增大，电析发生难度加大，其结果导致了更加均匀的电沉积性和附着力提高。

7.2.6.3　氰化物以外的络合物——其他络合物

除了氰化物的络合物外，还有焦磷酸盐、硫代硫酸盐、柠檬酸盐、酒石酸盐以及乙二胺、甘氨酸等有机物络合物。强碱性的 NaOH 也是两性金属锌离子的络合剂。$ZnCl_2$ 溶液里添加少量 NaOH，最初会产生不溶性的 $Zn(OH)_2$。继续添加 NaOH，则会生成 $[Zn(OH)_4]^{2-}$ 络合离子而被再次溶解。$[Zn(OH)_4]^{2-}$ 是由 4 个 OH^- 所组成，形式上可以认为是（$2O^{2-} + 2H_2O$），因此，$[Zn(OH)_4]^{2-}$ 可以由锌酸离子 ZnO_2^{2-} 和 $2H_2O$ 分别描述。

$$[Zn(OH)_4]^{2-} \longrightarrow ZnO_2^{2-} + 2H_2O$$

主成分为锌酸离子（zincate ion）的镀液被称为锌酸浴（zincate bath）的名称即由此而来。实际上，ZnO_2^{2-} 是不存在的。镀浴中实际存在的是 $[Zn(OH)_4]^{2-}$。

7.2.6.4　络合离子镀浴

各种络合物与络合离子的化学式及名称如表 7-19 所示。

表 7-19　各种络合物与络合离子的化学式及名称

镀浴名称	络合物	络合离子
金镀浴（氰化物浴）	$K[Au(CN)_2]$ 氰亚金酸钾	$K[Au(CN)_2]^-$ 阴离子 氰亚金酸离子
锌镀浴（氯化铵浴）	$[Zn(NH_3)_4]Cl_2$ 四氨合氯化锌	$[Zn(NH_3)_4]^{2+}$ 阳离子 四氨合锌离子
锌镀浴（锌酸浴）	$Na_2[Zn(OH)_4]$ 辛酸钠	$[Zn(OH)_4]^{2-}$ 阴离子 锌酸离子
铜镀浴（硫酸铜浴）	$[Cu(H_2O)_4]SO_4$ 四水硫酸铜	$[Cu(H_2O)_4]^{2-}$ 阳离子 四水铜离子

注：络合物以前大多是盐类，所以曾被称为络盐。但现在非盐类络合物也越来越多，所以现在普遍均
　　称为络合物。络合离子由配位结合而成，因此又被称为配位化合物。

7.2.7　元素周期表

7.2.7.1　元素周期表的排列方式——周期律的成因及元素分类

按原子量的顺序排列元素，我们会发现这些元素具有规则的相似性。将这种规律（周期律）以表的形式进行排列，就是 1869 年俄罗斯化学家门捷列夫提出的元素周期表。

然而，现在的元素周期表（如图 7-7 所示）已经不是当年按照原子量进行排序，而是按照原子核中的质子数进行排序。原子序号与原子量相反的例子有：18 号氩元素（Ar：原子量 39.95）与 19 号钾元素（K：原子量 39.10）、52 号碲元素（Te：原子量 127.6）与 53 号碘元素（I：原子量 126.9）。

周期表的纵轴称为族，横轴称为周期。1 族、2 族及 12~18 族元素为典型元素、3~11 族元素为过渡族元素。

典型元素的同族元素之间的价电子数相同，因而化学性质相似。因此，同族元素均有一个固定的称谓。如：1 族（除了 H）为碱金属、2 族（除 Be、Mg）为碱土金属、17 族为卤素族、18 族为惰性气体（稀有气体）族。

其他族一般采用最上部元素名。如 15 族为氮，所以称为氮族。典型元素中除了 12 族和 18 族外，其他 7 个族（1、2、13~17 族）的最外层电子（价电子）均为从 1 增加到 7，化学性质也呈规律性变化。18 族惰性气体的价电子为 0，因此，其不与其他元素进行反应，而是以单原子分子状态存在。

过渡族元素族从 3 族到 11 族并不是按照价电子数从 4 至 11 规则变化，其中 1、2、3 价离子的情况很多，许多元素之间的化学性质非常相似。

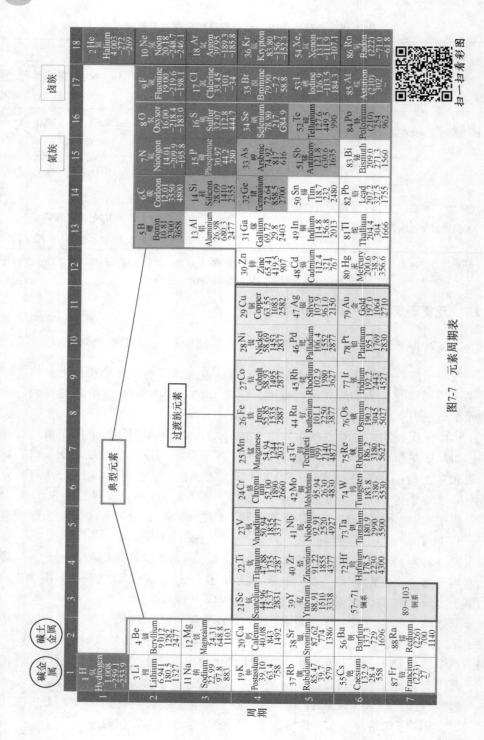

图7-7　元素周期表

扫一扫看彩图

特别是 8 族、9 族、10 族的（Fe、Co、Ni）、（Rh、Pd、Ag）和（Ir、Pt、Au）就属于我们熟知的性质非常相似的三组元素。元素周期表的右上方阴性（夺取电子的能力）强，卤族 F 的阴性最强。而左下方则阳性（失去电子的能力）强，铯（Fr）的阳性最强。

元素分为金属元素和非金属元素。两者之间分界部位的元素为 Al、Zn、Sn、Pb 等。根据条件不同这些元素可显示金属性或非金属性，因此被称为两性元素。

图 7-8 为部分元素的第一离子化能示意图。原子失去 1 个电子，变成 1 价阳离子所需要的能量我们称之为第一离子化能。该值越小，其越容易失去电子变成阳离子。

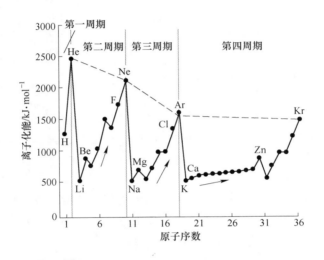

图 7-8 元素的第一离子化能

由图 7-8 可以看出，原子与电子的亲和力最强的是卤族元素，最低的是碱金属族元素。

7.2.7.2 元素周期表的斜向位置——元素的对角线关系

Li 作为碱金属的一员，具有碱金属族元素的典型特征。但其还具有的许多性质与右下方的 Mg 相似。如相对来说 Li 与空气中的 O_2 较难反应，而更易与 N_2 反应生成 Li_3N。Mg 也容易生成 Mg_3N_2。类似的关系亦可在 Be 和 Al、B 和 Si 之间发生。另外，两性元素也出现在周期表中的斜向方向。这些关系我们称之为对角线关系。金属与非金属的交界部位存在半金属元素组（B、Si、Ge、As、Sb、Te 等）及与酸或碱均发生反应的两性元素（两性元素：Be、Al、Zn、Pb 等）。

7.3　电化学基础知识

7.3.1　电位的基准和电极电位（标准电极电位）

7.3.1.1　哪里是 0V 电位？——标准电极电位的基准点

标准电极电位是以标准氢原子作为参比电极，即氢的标准电极电位值定为 0V。标准氢电极的铂端子的电位为 0V（如图 7-9 所示）。这时，H_2 的压力为 1 大气压、氢离子浓度（活度）为 1。

7.3.1.2　标准电极电位的获得方法——电极电位的测定

电极电位表示的是某种离子或原子获得电子而被还原的趋势。在 25℃时，如将某一金属放入它的溶液中（规定溶液中金属离子的浓度为 1mol/L），该金属电极与标准氢电极（电极电位指定为零）之间的电位差，称为该金属的标准电极电位。测量电极电位时

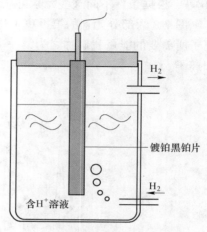

图 7-9　标准氢电极

需要使用大阻抗电压计。非标态下的标准电极电位可由能斯特方程导出。

按照以上定义和方法测得的各金属的标准电极电位如表 7-20 所示。

表 7-20　各种金属的标准电极电位

氧化还原反应	电位/V	氧化还原反应	电位/V
$Li^+ + e^- \longleftrightarrow Li$	−3.045	$2H^+ + 2e^- \longleftrightarrow H_2$	0
$Na^+ + e^- \longleftrightarrow Na$	−2.714	$Cu^{2+} + 2e^- \longleftrightarrow Cu$	0.34
$Mg^{2+} + 2e^- \longleftrightarrow Mg$	−2.356	$Ag^+ + e^- \longleftrightarrow Ag$	0.796
$Al^{3+} + 3e^- \longleftrightarrow Al$	−1.680	$Pt^{2+} + 2e^- \longleftrightarrow Pt$	0.799
$Zn^{2+} + 2e^- \longleftrightarrow Zn$	−0.763	$Au^+ + e^- \longleftrightarrow Au$	1.52
$Ni^{2+} + 2e^- \longleftrightarrow Ni$	−0.257	$Au^{3+} + 3e^- \longleftrightarrow Au$	1.83

由于碱金属的水溶液测定非常困难，因此其氧化还原电位主要是通过理论计算获得。所有的氧化还原反应的半反应均有标准氧化还原电位，并可在化学手册上的一览表中查到。当然，非金属元素单体或化合物也有标准氧化还原电位。例如：

$$O_2 + 4H^+ + 4e^- \longrightarrow 2H_2O \quad E^0 = 1.23V$$

$$H_3PO_3(亚磷酸) + 2H^+ + 2e^- \longrightarrow H_3PO_2(次亚磷酸) + H_2O \quad E^0 = 0.499V$$

7.3.1.3 氧化电位和还原电位的符号——斯德哥尔摩定律

通常，氧化、还原电位是成对出现的。如果被问起来这个数值表示的是氧化电位还是还原电位，我们一般采用还原电位来表示。

例如，在描述 Cu 和Cu^{2+}电极反应时，有以下两种表达方式：

氧化方向： $Cu \longrightarrow Cu^{2+} + 2e^-$ 标准自由能差 ΔG_{Ox}^0 (7-9)

还原方向： $Cu^{2+} + 2e^- \longrightarrow Cu$ 标准自由能差 ΔG_{Red}^0 (7-10)

根据化学热力学求得两反应式的自由能（ΔG_{Ox}^0、ΔG_{Red}^0），其绝对值相等但一正一负。根据 E^0 与 ΔG^0 的关系式（能斯特方程）$\Delta G^0 = -nFE^0$ 计算出的电位可知，氧化方向与还原方向的电位（E_0）值相等但符号相反。1953 年在斯德哥尔摩召开的国际电化学会议上决定采用还原电位来表示。

7.3.1.4 标准电极电位基本知识

（1）电位基准和电池电动势：虽然任何金属均可作为电位基准，但氢的氧化还原电位被规定为 0V。如果采用表 7-20 所示的标准电极电位的话，丹尼尔电池（如图 7-10 所示）的电动势可由下式求得：

铜电极的标准电极电位为 0.34V，锌电极的标准电极电位为 -0.763V，则丹尼尔电池的电动势（E）为：

$$E = 0.34 - (-0.763) = 1.103V$$

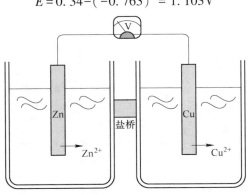

图 7-10   丹尼尔电池

（2）金属的离子化倾向与标准电极电位：金属的离子化倾向与其电极电位的顺序是一致的。

$$Li > Na > Al > Zn > Cr > Fe > Ni > Sn > (H_2) > Cu > Ag > Pt > Au$$

标准电极电位最大的是贵金属，最小的是碱金属。

（3）能斯特电极电位（E）公式：电极电位方程又被称为能斯特方程。对于任一电池反应：$aA + bB \xlongequal{} cC + dD$，能斯特电极电位（$E$）公式如下。

$$E = E^0 - \frac{RT}{zF}\ln\frac{[\mathrm{C}]^c[\mathrm{D}]^d}{[\mathrm{A}]^a[\mathrm{B}]^b}$$

式中　　　　　　　E——被测电极的（平衡）电极电位；

　　　　　　　　　E^0——被测电极的标准电极电位；

　　　　　　　　　R——气体常数，8. 31441J/（K·mol）；

　　　　　　　　　T——绝对温度（237K）；

　　　　　　　　　z——在电极上还原的单个离子的电子数；

　　　　　　　　　F——法拉第常数；

　　$[\mathrm{A}]^a[\mathrm{B}]^b$，$[\mathrm{C}]^c[\mathrm{D}]^d$——反应物和生成物的活度（浓度）积；

　　　　　　　　　ln——自然对数。

7.3.2　电极的表示

7.3.2.1　电极不是正极=阳极、负极=阴极——电池与电解的电极名称

图 7-11 为伏打电池，图 7-12 为电解的示意图，我们根据这两个图例来说明电极的表示方法。首先，对电池的电极名称，我们一般采用正极、负极的叫法（如图 7-11 所示）。而对电解（如图 7-12 所示）来说，我们把与正极相连接的电极称为阳极（anode），与负极相连接的电极称为阴极（cathode）。

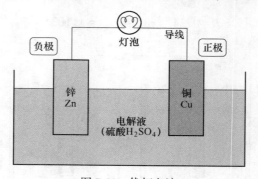

图 7-11　伏打电池

图 7-12 为铜的电解精制装置图。粗铜作为被溶解、氧化的阳极，而纯铜在阴极被还原。

电池电极有时也使用阴极和阳极的称呼。这时大家一定要注意电池的负极实际上对应的是阳极。

7.3.2.2　电解试验——法拉第的阳极、阴极定义

图 7-13 为采用伏打电池作为直流电源与精制电解铜装置组合的示意图。箭头为电流流动方向。

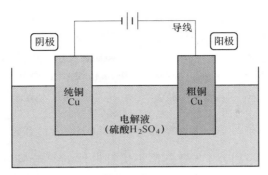

图 7-12 铜的电解精制装置

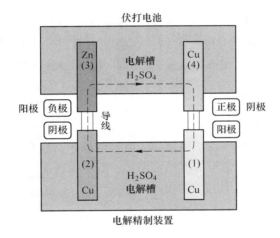

图 7-13 电池与电解

在电解中，著名的法拉第（Faraday）将电极定义为电流从外部电路中的导线流入并从溶液中流出的电极称为阳极（anode），即图 7-13 中所对应的电极为（1）和（3）。而阴极（cathode）的定义为从向外部回路输出电流的电极，因此对应图 7-13 中的（2）和（4）电极。从电池的角度来看，正极为阴极（cathode）、负极为阳极（anode）。

7.3.2.3 阳极、阴极到底什么意思？——电极的英语名称及其翻译

正极、负极、阴极、阳极这些本来都是外来语翻译。

（1）按照法拉第电流流入、流出的定义。

$$\text{anode——阳极} \qquad \text{cathode——阴极}$$

（2）按照构成电池的电极电位进行定义。

伏打电池中将电极电位高的铜电极（离子化倾向小的铜电极）定义为正极。

positive pole——正极　　　negative pole——负极

化学电池和电解的阳极发生氧化反应，阴极发生还原反应。反过来也可以说发生氧化反应的电极是阳极（anode）、发生还原反应的电极是阴极（cathode）。而在伏打电池中，发生氧化反应的是锌电极（负极）对应的是阳极。

锌的氧化反应：$Zn \longrightarrow Zn^{2+} + 2e^-$

7.3.2.4　阳极与阴极（anode 与 cathode）

（1）电池的电极反应与电极称谓：伏打电池的锌电极发生如下氧化反应，因此被称为负极。而铜极发生还原反应（产生氢气），被称为正极。

$$\text{锌极：}\qquad Zn \longrightarrow Zn^{2+} + 2e^-\qquad \text{氧化反应（负极）}$$
$$\text{铜极：}\qquad 2H^+ + 2e^- \longrightarrow H_2\qquad \text{还原反应（正极）}$$

（2）电解的电极反应与电极称谓：铜精制电解时发生粗铜电极被溶解和氧化，被称为阳极。铜离子在纯铜电极被还原析出，因此被称为阴极。

$$\text{粗铜电极：}Cu \longrightarrow Cu^{2+} + 2e^-\qquad \text{氧化反应（阳极）}$$
$$\text{纯铜电极：}Cu^{2+} + 2e^- \longrightarrow Cu\qquad \text{还原反应（阴极）}$$

（3）电池与电解的组合：电池的氧化反应在负极发生，电解的氧化反应在阳极发生。电池的还原反应在正极发生，电解的还原反应在阴极发生。因此，需要注意电池和电解对各自电极的不同称谓。一般来说，需要避免电池的正、负极称谓与电解的阳、阴极称谓混同使用。

7.3.3　溶液的电导

7.3.3.1　电流通过的难易程度——电导

我们通常不采用阻碍电流的电阻（R）来描述溶液中电流通过的难易程度，而是采用电导（C）来表示。由于电导是电阻的倒数，因此，其单位为欧姆的（Ω）的倒数（Ω^{-1}），我们将其单位定义为西门子（S）。

电解液被称为离子导体。其运送电荷的载体是阴离子或阳离子。因此，离子的移动速度就决定了电解液电导的大小。一般来说，酸、碱溶液中的H^+离子的移动速度较高，因此酸碱液的电导率较大。接近中性的盐溶液中，含有Na^+、K^+、NH_4^+离子的水溶液虽然电导也较大，而作为镀液主要成分的盐类，其电导均不高。

增加电镀液电导的一种方法是添加一些非电解盐（电导盐、电解质及其他盐）。另外，提高液温也能增大镀液的电导。温度每升高1℃可提高约2%的电导，因此镀浴升温的效果非常显著。电解液的电导远远小于金属导体，也就是说，电解液的阻抗相对较大。金属铜与浴液（1.0mol/L KCl）的电导率（κ）相差数个数量级。前者为 $5.8 \times 10^5 S/cm$，而后者仅为 $0.011 S/cm$。

7.3.3.2　浓度越高离子的活性越低——电导和浓度

从稀薄溶液开始逐渐提高浓度，伴随着离子浓度的提高，其电导虽然也在增大（如图 7-14 所示），当达到极值后电导率又会下降。这是由于高浓度溶液中离子之间的引力增大，导致离子的活度（实效浓度）减少所致。

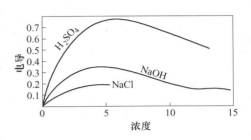

图 7-14　浓度与电导的关系

7.3.3.3　电流通过的难易——电导的测定

电导 C 和电导率 κ 由下式表示：

$$C = 1/R$$

$$\kappa = 1/\rho$$

式中，溶液的电阻为 R；电阻率为 ρ。

电导测量可归因于电阻测量，但是当尝试使用直流电测量电解质的电阻时，在测量过程中会发生电解质中的物质析出导致电阻值发生漂移（电极极化）而无法获得准确值。因此，我们一般采用交流电测量溶液的电导。

当采用科尔劳希电桥（Kohlrausch Bridge）（如图 7-15 所示），用交流电测量某溶液的总电阻（R）时，电导率 κ 可以从以下关系表达式获得。

$$R = \rho L/S = L/\kappa S$$

式中　L——溶液中两电极距离；

　　　S——电极的截面积。

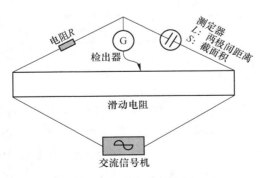

图 7-15　科尔劳希电桥

表 7-21 是主要几种物质的 κ 值。κ 随温度而变化，每升高 1℃ 提高约 2% 计算。

表 7-21　各种物质的电导率（常温）

物质	电导率/κ	物质	电导率/κ
Ag	$61.4×10^4$	0.1N HCl	$1.1×10^{-2}$
Fe	$10.0×10^4$	5% CH$_4$COOH	$1.0×10^{-3}$
Hg	$1.0×10^4$	纯水	$5.6×10^{-8}$
重铬酸	$0.9×10^4$	P	10^{-15}
石墨	$0.1×10^4$	云母	10^{-15}
食盐（600℃）	3.34	玻璃	$10^{-7}～10^{-10}$
		S	10^{-10}

7.3.3.4　离子的迁移率

给溶液加上电场，阳离子向低电位方向、阴离子向高电位方向移动。电位差为 1V/cm 时离子的移动速度我们称为离子的迁移率。离子的迁移率如表 7-22 所示。

表 7-22　离子的迁移率

阳离子	迁移率 /cm · s^{-1}	阴离子	迁移率 /cm · s^{-1}
H$^+$	$36.2×10^{-4}$	OH$^-$	$20.5×10^{-4}$
Na$^+$	$5.2×10^{-4}$	Cl$^-$	$7.7×10^{-4}$
Ca^{2+}	$6.2×10^{-4}$	CH$_3$COO$^-$	$4.2×10^{-4}$

7.3.3.5　质子传导机理（转移机理）

H$^+$、OH$^-$ 以外其他离子的迁移率，是电场作用下的水合物离子摆脱周围水分子阻力的移动，因此其传导机理适用于斯托克斯定律。而 H$^+$、OH$^-$ 不适用于斯托克斯定律。从表 7-22 可以看出，H$^+$ 离子是通过相邻水分子之间的快速传递才获得了比其他离子快 5～9 倍的迁移率。这个机理被称之为质子传导机理（如图 7-16 所示）。

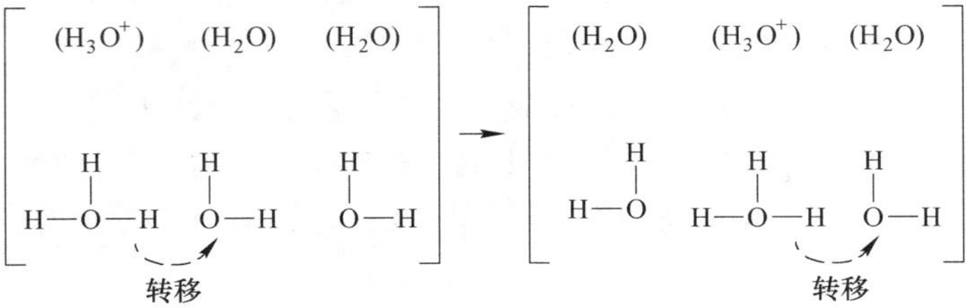

图 7-16　质子传导示意图

7.3.4　氧化反应和还原反应

7.3.4.1　电子得失的反应——氧化还原反应的定义

氧化还原的定义为氧元素或氢元素得失电子，导致离子数的增减。施镀反应中阴极被授予电子、阳极失去电子。因此，我们在这里需要再次对氧化还原的定义予以描述。

"被氧化"的含义是物质失去电子，"被还原"的含义是物质获得电子。

我们来看看如下反应：

$$Zn + Cu^{2+} \longrightarrow Zn^{2+} + Cu \qquad (7\text{-}11)$$

我们将上述反应改写成两个半反应：

$$Zn \longrightarrow Zn^{2+} + 2e^- \qquad (7\text{-}12)$$

$$Cu^{2+} + 2e^- \longrightarrow Cu \qquad (7\text{-}13)$$

反应式（7-12）是 Zn 原子失去两个电子，变成 Zn^{2+}，也就是说 Zn 被氧化。

同理，反应式（7-13）是 Cu^{2+} 离子得到两个电子，变成 Cu，也就是说 Cu 被还原。式（7-11）是氧化还原反应，式（7-12）是氧化反应，式（7-13）是还原反应。

下面我们来看看精制电解铜的阴极、阳极表面所发生的反应。

阴极上铜的析出反应为还原反应，阳极上铜的溶解为氧化反应。

阴极（cathode）：$Cu^{2+} + 2e^- \longrightarrow Cu$（获得电子：还原反应、电沉积反应）

阳极（anode）：$Cu \longrightarrow Cu^{2+} + 2e^-$（失去电子：氧化反应、溶解反应）

7.3.4.2　反应的分类与氧化还原反应发生的场所

化学反应可分为有电子得失的反应和无电子得失的反应这两大类。前者是氧化还原反应，后者是酸碱中和反应。

氧化还原反应的反应地点可进一步分为两个。一个是氧化反应和还原反应在同一地点发生，另一个是在不同的地点发生。后者如电池的充放电反应、形成局部电池的复式反应以及电解反应等。

电解（电镀）在阳极发生氧化反应、在阴极发生还原反应。

（1）氧化还原反应发生的位置（Ⅰ）。图 7-17 为电解（电镀）的氧化还原反应发生的位置。图 7-18 为铁的腐蚀原理图及氧化还原反应发生的位置。

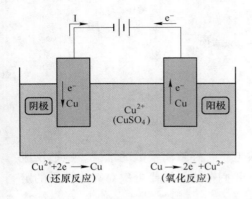

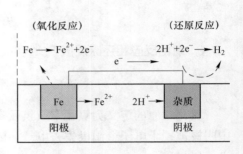

图 7-17 电解（电镀）的氧化还原反应场所   图 7-18 铁的腐蚀（局部微电池）

杂质的存在产生局部微电池导致铁被腐蚀。

图 7-19 为丹尼尔电池（放电）的氧化还原反应发生的位置。

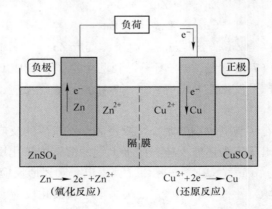

图 7-19 丹尼尔电池的氧化还原反应发生的位置

（2）氧化还原反应发生的位置（Ⅱ）。氧化还原反应发生的位置如表 7-23 所示。

表 7-23 氧化还原反应发生的位置

项目	氧化反应及发生位置	还原反应及发生位置
（1）电解（镀铜）	$Cu \longrightarrow Cu^{2+} + 2e^-$ 阳极	$Cu^{2+} + 2e^- \longrightarrow Cu$ 阴极
（2）铁板腐蚀	$Fe \longrightarrow Fe^{2+} + 2e^-$ 阳极	$2H^+ + 2e^- \longrightarrow H_2$ 阴极
（3）镀锌铁板	$Zn \longrightarrow Zn^{2+} + 2e^-$ 阳极（Zn）	$2H^+ + 2e^- \longrightarrow H_2$ 阴极（Fe）
（4）镀锡铁板	$Fe \longrightarrow Fe^{2+} + 2e^-$ 阳极（Fe）	$2H^+ + 2e^- \longrightarrow H_2$ 阴极（Sn）
（5）丹尼尔电池	$Zn \longrightarrow Zn^{2+} + 2e^-$ 阳极（负极）	$Cu^{2+} + 2e^- \longrightarrow Cu$ 阴极（正极）

注：防腐（2）、（3）、（4）的阴极反应，根据电解液（水）不同，可以有以下三种。

（1）二氧化碳的溶解等产生的酸性状态：$2H^+ + 2e^- \to H_2$

（2）中性状态：$2H_2O + 2e^- \to H_2 + 2OH^-$

（3）含溶解氧多，中性或碱性状态：$O_2 + 2H_2O + 2e^- \to 4OH^-$。

7.3.5 电镀的电极反应

7.3.5.1 定义与现象——反应式和反应名称

在氰化物镀锌反应中，电源正极所连接的锌阳极被逐渐溶解，在电源负极所连接的阴极工件上析出锌。各电极发生如下反应：

阴极：

$$[Zn(CN)_4]^{2-} + 2e^- \longrightarrow Zn + 4CN^- （金属析出反应、阴极反应、还原反应）$$

$$(7-14)$$

阳极：

$$Zn + 4CN^- \longrightarrow [Zn(CN)_4]^{2-} + 2e^- （金属溶解反应、阳极反应、氧化反应）$$

$$(7-15)$$

表 7-24 为各种镀浴的电极反应示例表。

表 7-24 各种镀浴的电极反应

电解 （镀浴）	主成分化学式	阴极反应（析出反应）	阳极反应 （溶解反应、气体发生反应）
硫酸铜	$CuSO_4$	$Cu^{2+} + 2e^- \longrightarrow Cu$	$Cu \longrightarrow Cu^{2+} + 2e^-$
氰化铜	$Na_2[Cu(CN)_3]$	$[Cu(CN)_3]^{2-} + e^- \longrightarrow Cu + 3CN^-$	$Cu + 3CN^- \longrightarrow [Cu(CN)_3]^{2-} + e^-$
焦磷酸铜	$K_6[Cu(P_2O_7)_2]$	$[Cu(P_2O_7)_2]^{6-} + 2e^- \longrightarrow Cu + 2P_2O_7^{4-}$	$Cu + 2P_2O_7^{4-} \longrightarrow [Cu(P_2O_7)_2]^{6-} + 2e^-$
氯化镍	$NiCl_2$	$Ni^{2+} + 2e^- \longrightarrow Ni$	$Ni \longrightarrow Ni^{2+} + 2e^-$
氯化锌	$ZnCl_2$	$Zn^{2+} + 2e^- \longrightarrow Zn$	$Zn \longrightarrow Zn^{2+} + 2e^-$
氰化锌	$Na_2[Zn(CN)_4]$	$[Zn(CN)_4]^{2-} + 2e^- \longrightarrow Zn + 4CN^-$	$Zn + 4CN^- \longrightarrow [Zn(CN)_4]^{2-} + 2e^-$

续表7-24

电解 （镀浴）	主成分化学式	阴极反应（析出反应）	阳极反应 （溶解反应、气体发生反应）
锌酸盐浴	$Na_2[Zn(OH)_4]$	$[Zn(OH)_4]^{2-} + 2e^- \longrightarrow Zn + 4OH^-$	$Zn + 4OH^- \longrightarrow [Zn(OH)_4]^{2-} + 2e^-$
氰化镉	$Na_2[Cd(CN)_4]$	$[Cd(CN)_4]^{2-} + 2e^- \longrightarrow Cd + 4CN^-$	$Cd + 4CN^- \longrightarrow [Cd(CN)_4]^{2-} + 2e^-$
硫酸锡	$SnSO_4$	$Sn^{2+} + 2e^- \longrightarrow Sn$	$Sn \longrightarrow Sn^{2+} + 2e^-$
锡酸钠浴	$Na_2[Sn(OH)_6]$	$[Sn(OH)_6]^{2-} + 4e^- \longrightarrow Sn + 6OH^-$	$Sn + 6OH^- \longrightarrow [Sn(OH)_6]^{2-} + 4e^-$
氰化金	$K[Au(CN)_2]$	$[Au(CN)_2]^- + e^- \longrightarrow Au + 2CN^-$	$4OH^- \longrightarrow O_2 + 2H_2O + 4e^-$（不锈钢）
氰化银	$K[Ag(CN)_2]$	$[Ag(CN)_2]^- + e^- \longrightarrow Ag + 2CN^-$	$Ag + 2CN^- \longrightarrow [Ag(CN)_2]^- + 2e^-$
硫酸铑	$RhSO_4$	$Rh^{2+} + 2e^- \longrightarrow Rh^+$	$2H_2O \longrightarrow O_2 + 4H^+ + 4e^-$（Pt-Ti）
氯化钯	$PdCl$	$Pd^{2+} + 2e^- \longrightarrow Pd$	$2Cl^- \longrightarrow Cl_2 + 2e^-$

7.3.5.2 酸性、中性、碱性溶液的电解反应——水的分解反应（副反应）

由于镀金使用的是非溶解性阳极（不锈钢板或者镀铂钛板），阳极上产生出氧气。碱性溶液中过量的 OH^- 会产生放电，而在酸性溶液中由于几乎不存在 OH^- 离子，H_2O 被直接分解。

$$4OH^- \longrightarrow O_2 + 2H_2O + 4e^-（碱性溶液）$$
$$2H_2O \longrightarrow O_2 + 4H^+ + 4e^-（酸性溶液）$$

阴极上的副反应是产生 H_2。酸性溶液中大量的 H^+ 产生放电，而在碱性溶液中几乎不存在 H^+，因此 H_2O 直接被分解。

$$2H^+ + 2e^- \longrightarrow H_2 （酸性溶液）$$
$$2H_2O + 2e^- \longrightarrow H_2 + 2OH^-（碱性溶液）$$

表7-25 为按照离子化倾向排列的典型金属实际所发生的电极反应。

表 7-25 典型金属的电极反应

（1）阴极反应。

K～Al	Zn～Pb	H_2	Cu～Au
由于比 H 有更大的离子化倾向，产生氢气		—	比 H 的离子化倾向小，发生电析反应
无法施镀、水溶液产生氢气	可施镀	—	可施镀

（2）阳极反应。阳极上的电极反应与离子化倾向虽无多大关系，但按照金属的化学特性分类如下。

K～Al	Zn～Pb	H_2	Cu～Au
自发溶解（Mg、Al 产生氧化膜）	溶解反应[1]	—	溶解反应（Pt 产生氧气）[2]

[1] Pb 在硫酸酸性电解液（硫酸铜镀浴、六价铬镀浴）中为非溶解性。

[2] 采用不溶性电极作为阳极时，如不存在卤素等易被氧化的离子，则产生氧气。

阴离子被氧化的难易程度如下：

$$I^- > Br^- > Cl^- > OH^- > H_2O > SO_4^{2-} = NO_3^-$$

而 SO_4^{2-} 和 NO_3^- 由于难以被氧化，所以可以认为反应不会发生。

7.3.5.3　电沉积机理

在 7.3.5.1 节中的式（7-14）、式（7-15）反应式表示的是络合离子的放电和生成反应，但是其实际的电沉积为络合离子变成水和离子，再在电极表面失去 H_2O 的同时接收电子，导致金属锌析出。

$$[Zn(CN)_4]^{2-} + 4H_2O \longleftrightarrow [Zn(H_2O)_4]^{2+} + 4CN^- \quad 化学平衡$$

$$[Zn(H_2O_4)]^{2+} \longrightarrow Zn^{2+} + 4H_2O \qquad\qquad 脱水反应$$

$$Zn^{2+} + 2e^- \longrightarrow Zn \qquad\qquad 吸附离子, Zn^{2+} 被还原，还原反应$$

7.3.6　过电压

7.3.6.1　比理论值大的施加电压——水的电解和过电压

如果将两枚铂板浸入硫酸（酸性）、氢氧化钠（碱性）、硫酸钠（中性）等的水溶液中进行电解，会产生氢气和氧气。当施加电压从 0V 开始逐渐上升直至水的理论分解电压 1.23V 为止，在两电极并不会观察到气体的产生。继续施加电压到 1.9V 附近时才开始观察到有气体产生，这表示开始产生了持续的电解。这个可产生持续电解的最小分解电压与理论分解电压的差值（1.9 − 1.23 = 0.67（V）），即为水分解的最小过电压。

该最小过电压为阴极最小过电压和阳极最小过电压之和。过电压又被称为极化，极化增大会导致电流增加。

7.3.6.2　根据条件变化——最小过电压与过电压的定义

图 7-20~图 7-22 为极化曲线。表 7-26 为几种金属的最小过电压。除 Pt 黑-Pt［铂电极上附着铂金微颗粒（黑色）］外，最小的氢过电压均相对较大。这里所说的最小的意思是最初发现产生气体时的分解电压。过电压也可以理解为在反应中除去导线、电解质溶液的电压损耗外，还存在着与电极反应有关的附加电压，这部分电压，称之为过电压。由此看来，实际分解电压应等于理论分解电压、欧姆电压降和过电压之和。

过电压与电极的状态、电流密度、电解液的种类、液温、搅拌程度等有关，因此，在描述过电压时，必须附记上述条件。

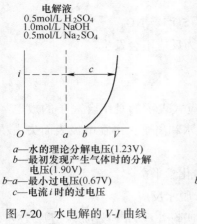

a—水的理论分解电压(1.23V)
b—最初发现产生气体时的分解
　电压(1.90V)
b−a—最小过电压(0.67V)
c—电流i时的过电压

图7-20　水电解的 V-I 曲线

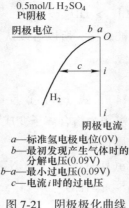

a—标准氢电极电位(0V)
b—最初发现产生气体时的
　分解电压(0.09V)
b−a—最小过电压(0.09V)
c—电流i时的过电压

图7-21　阴极极化曲线

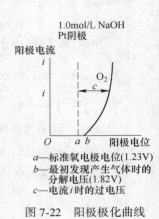

a—标准氧电极电位(1.23V)
b—最初发现产生气体时的
　分解电压(1.82V)
c—电流i时的过电压

图7-22　阳极极化曲线

表7-26　各金属电极的最小氢过电压和最小氧过电压

最小氢过电压*		最小氧过电压*	
Pt 黑-Pt	0.005V	Pt 黑-Pt	0.25V
Pt plate	0.09V	Pt plate	0.59V
Ag	0.15V	Ag	0.41V
Zn	0.76V	Zn	0.25V
*0.5mol/L H_2SO_4		*1.0mol/L KOH	

7.3.6.3　形成过电压的三大原因——过电压的分类

目前的研究表明，过电压由活化过电压（η_a）、扩散过电压（浓度过电压：η_d）和阻抗过电压（η_r）这三部分组成。因此，总过电压 η 可以由下式表示：

$$\eta = \eta_a + \eta_d + \eta_r$$

（1）活化过电压：阴极上离子的放电和析出以及阳极的溶解和离子生成，都是通过电荷的移动方才能完成。偏离平衡电位的电解电位提供了电解转移过程中所需要的活化能。这个偏离电位我们称之为活化过电压。活化过电压是指能量在转化过程中会不可避免地发生一些不可逆损失，该电压损失的作用是在化学反应中驱使电子到达或者离开电极。

（2）扩散过电压：在电解过程中，阴极附近的金属离子析出需要一定的过电压。也就是说，阴极附近的金属离子浓度低于溶液的浓度，而阳极附近的金属离子的浓度又高于溶液的浓度。该浓度梯度和离子扩散就伴随着平衡电位的偏离，我们称之为扩散过电压。

（3）阻抗过电压：为克服电极表面所产生的氧化膜等产生的电阻（R）所需要的过电压，其与 IR 相等。

7.3.6.4　水的 pH 值、理论分解电压与过电压

氢和氧的标准电极电位分别为 0V 和 1.23V。由于分解反应中包含氢离子和氢氧根离子，因此氢和氧的电极电位与 pH 值有关。其关系由下式表示：

氢：　　　　　　　　$E_H = - 0.059pH$　　　　　　　　　　（7-16）

氧：　　　　　　　　$E_O = 1.23 - 0.059pH$　　　　　　　（7-17）

式（7-16）和式（7-17）之差即为理论分解电压，如果与 pH 值无关的话，其恒等于 1.23V。过电压与 pH 值的关系如图 7-23 所示，分别位于氢线下侧和氧线上侧。

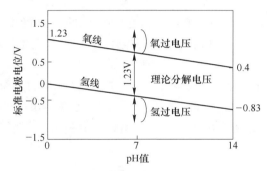

图 7-23　水的 pH 值、理论分解电压与过电压的关系

7.3.7　合金镀的基础

7.3.7.1　两种金属的同时析出——合金镀时的电位

当电解液中含有两种金属离子时，这两种金属的同时析出（合金镀）是有可能的。1 价的金属 A 在浓度［A^+］的溶液中，其可逆电位为 $E_A = E_A^0 + 0.059log［A^+］$。由于实际的析出电位还要加上过电压 η，因此电镀时的电位（E_a）由以下三项组成。

$$E_a = E_A + \eta_A = E_A^0 + 0.059log[A^+] + \eta_A \qquad (7-18)$$

（E_A^0：标准电位；$0.059log［A^+］$：浓度项；η_A：过电压项）

对于金属 B，其电位（E_b）同样可由下式表示：

$$E_b = E_B + \eta_B = E_B^0 + 0.059log[B^+] + \eta_B \qquad (7-19)$$

7.3.7.2　合金镀发生的条件——合金镀的析出条件

假设电解液中含有金属 A 的离子 A^+ 和金属 B 的离子 B^+，且这两种金属离子析出时无相互影响。当 A^+ 和 B^+ 的放电电位相等时（$E_a = E_b$），即可发生同时析出。即：

$$E_A^0 + 0.059\log[A^+] + \eta_A = E_B^0 + 0.059\log[B^+] + \eta_B \qquad (7\text{-}20)$$

发生以下三种情况，有可能会使式（7-20）成立。

（1）上述第 1 项和第 3 项的 A、B 金属的标准电位和过电压较小时；

（2）标准电位和过电压之差被第 2 项的离子浓度差所抵消时；

（3）标准电位与过电压正负不同而被相互抵消时。

7.3.7.3　黄铜镀、钎焊合金镀的发生条件——合金镀的案例

（1）如图 7-24 所示钎焊镀 Pb-Sn 的电位-电流曲线位置几乎相同，其标准电极电位分别为-0.13V 和-0.14V，析出过电压几乎为零，因此导致其在氯化物盐浴中可以同时析出。

（2）图 7-25 所示为 Zn-Cu 合金镀案例。金属 A、B 的电位-电流曲线位置差异较大，很难共析。但由于络合离子所产生的浓度项（$0.059\log[M^+]$）导致离子浓度差降低进而导致析出电位接近，这就使得共析成为了可能。

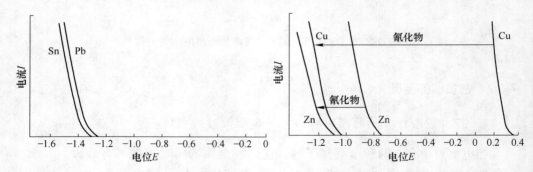

图 7-24　Pb 与 Sn 的电位-电流曲线　　　　图 7-25　Cu 与 Zn 的电位-电流曲线

从图 7-25 可以看出，Zn 与 Cu 的标准电位差较大，分别为 -0.77V 和 +0.34V。添加络合剂 NaCN 后，将两者的电极电位分别降为-1.0V 和-0.9V，电极电位差的接近，从而导致了 Zn 与 Cu 可同时析出。

（3）图 7-26（a）、（b）为过电压导致同时析出的图例。图 7-26（a）为扩散过电压（浓度梯度），图 7-26（b）为氢过电压（临界电流密度）所导致的同时析出的示意图。

当金属 A、B 的析出电位差较大时，虽然一开始只有电位高的金属 A 析出，当电流上升超过临界电流密度时，金属 A^+ 离子在电极附近急剧减少（如图 7-26（a）所示），导致离子供给不足。这时，阴极电位会向负方向移动，导致电位较低的金属 B^+ 离子在图 7-26（b）的 a 点开始析出，从而产生共析。在含有硫酸锌和硫酸铜的镀浴中镀黄铜（Cu-Zn），就是利用了这个原理。

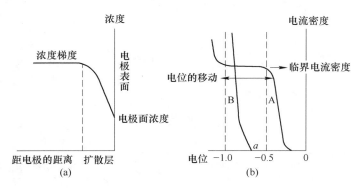

图 7-26 浓度梯度（a）与临界电流（b）

7.3.7.4 共析现象的分类

根据合金镀的成分不同，可将共析现象分为以下三种类型：

（1）正常析出：离子化倾向越小的金属，越优先析出的现象。

（2）异常析出：离子化倾向越大的金属反而越优先析出的现象。

（3）诱导共析：单独析出困难的金属（W、Mo 等），会伴随着铁族金属的析出而被诱导析出的现象。

7.3.8 法拉第电解定律 I

电镀是一门实践性极强的实用性科学，又是一门交叉学科。除了电化学外，还要求从事电镀技术开发的人员对有机化学、络合物化学、分析化学、电工学、物质结构、金属学等都要有所了解。但是最基本的还是电化学。

在电化学基础理论方面，做出突出贡献的就是英国物理学家和化学家迈克尔·法拉第（Michael Faraday）。他发现了电解定律，我们现在称之为法拉第定律。法拉第定律至今仍然是电解技术中最基本和最重要的定律。这一著名定律又分为两个子定律，即法拉第第一定律和法拉第第二定律。

7.3.8.1 电解基本概念——法拉第定律和法拉第常数

1833 年，法拉第发表了相关电解的以下定律。该定律描述了在每个电极上产生的物质量之间的关系。

（1）法拉第第一定律：第一定律为"在电解过程中，阴极上还原物质析出的物质的量（质量 $W(g)$，物质量 $n(mol)$）与所通过的电量 Q 成正比。"（如图7-27（a）、（b）所示）。

$$W = k_1 Q \text{ 或者 } n = k_2 Q$$

式中，k_1、k_2 为比例常数。

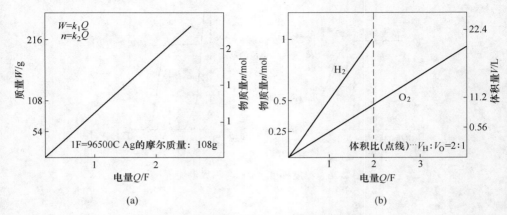

图 7-27   电量与金属、气体的析出量的关系
（a）Ag 的析出量与电量的关系；（b）水电解时的氢气和氧气的析出量（体积）

从图 7-27 可以看出，Ag、H_2 和 O_2 的析出量（质量、物质量、体积）均服从法拉第第一定律，其与电量成正比。

"物质的量"可以是质量（重量：g），也可以是摩尔量（mol）。

电镀时，镀层析出的重量（或者层厚）与通过的电量成正比。

电量（Q）的单位为库仑（C），1库仑相当于 1 安培的电流在 1 秒内通过的电量。也就是说，电流 I 安培在 t 秒钟通过的电量 Q 为：$Q = It$。

（2）法拉第第二定律：第二定律为"如通过的电量相同，则析出或溶解掉的不同物质的物质量 n 与其离子价数成反比。"

法拉第的这两项定律适用于水溶液、非水溶液、熔融盐、固体电解质等，而与温度以及电解质的性质和浓度无关，属于通用的定律。

法拉第第二定律可以用下式表示：

$$n = \frac{m}{M} = \frac{It}{zF} \tag{7-21}$$

式中，$n[mol]$ 为物质量；$m(g)$ 为析出或溶解的物质的质量；$M(g/mol)$ 为摩尔质量，g；$I(A)$ 为电流；$t(s)$ 为时间；z 为离子价数；$1F = 96500$ 库仑（C/mol）。

F 被称为法拉第常数，这是电镀中计算物质析出或溶解的重要常数。

将式（7-21）变换成式（7-22），可以看出，1 摩尔质量（$n=1$）的析出或溶解所需的电量（It），离子价 2（$z=2$）是离子价 1（$z=1$）的 2 倍。

$$nzF = It（库仑）\qquad\qquad (7-22)$$

电镀中，由于氰化铜和硫酸铜中铜离子价（z）分别为 1 价和 2 价，因此，在相同的电流条件下，氰化铜浴可施镀 2 倍硫酸铜浴的铜量。

（3）电量与电镀物的当量关系——电化学当量。电化学当量（electrochemical equivalent）是指单位电量（1 库仑、1Ah = 3600 库仑、1F = 96500 库仑）所产出的电解产物量。例如对于 Ag 来说，96500C 为 1g 当量（摩尔质量），相当于 108g，1C 或 1Ah 分别为 $108×1000/96500 = 1.119（mg）$、$1.119×3600/1000 = 4045（g）$。按照类似计算方法获得的各元素电化学当量（$\varepsilon$）如表 7-27 所示。

表 7-27　各元素的电化学当量

元素	原子量	离子价	1g 当量/g	$\varepsilon/mg \cdot c^{-1}$	$\varepsilon/g \cdot Ah^{-1}$	$\varepsilon/g \cdot F^{-1}$
Ag	107.9	1	107.88	1.1179	4.0245	107.88
Cu	63.55	2	31.785	0.3294	1.186	31.785
Cu	63.55	1	63.57	0.6588	2.372	63.57
Zn	65.38	2	32.69	0.3388	1.22	32.69
H	1.008	1	1.0081	0.0104	0.0376	1.0081
O	16	2	8.000	0.0829	0.2985	8.000

注：1g 原子为原子量（无单位量）后面加上质量 g 的量。在分子量和化学当量后面加上质量单位 g 则为 1g 分子、1g 当量。

7.3.8.2　析出、溶解量的计算及各量的关系

在电镀计算中，需要知道以下这些量的关系：

（1）电子 1 摩尔电量 = 96500C = 1F。

（2）电子 1 摩尔电量 = 1 价的离子 1 摩尔的电量 = z 价的离子 $1/z$ 摩尔的电量。

（3）电子 1 摩尔电量 = 物质 1g 当量的电量。

（4）单体的化学当量 = 原子量÷离子价的变化量 = 原子量÷电子数的变化量。

（5）化合物的化学当量 = 分子量÷电子数的变化量。

（6）电化学当量 = 单位电量（1C、1Ah、1F）对应的质量（mg、g）。

例题：在硝酸银（$AgNO_3$）水溶液中放置 2 枚铂板电极，进行 30A、2h 电解。阴极析出多少克的 Ag？假设电流效率为 100%，Ag 的原子量为 108。

解答：

设定电量（$30×2×60×60=216000$ 库仑）的析出量为 x，则可采用下式计算：

$$96500 : 216000 = 108 : x \qquad\qquad x \approx 241.7g$$

7.3.9 法拉第电解定律 Ⅱ

7.3.9.1 法拉第定律的三种描述方法——第二定律和物质、当量、当量数

法拉第第二定律还可以通过以下三种描述方式：

（1）如果通过的电量相同，在电极上所析出或溶解的不同物质（如 Ag、Cu）的物质量 n 与其离子价数成反比。

（2）如果通过的电量相同，在电极上所析出或溶解的不同物质（如 Ag、Cu）的量与其化学当量成正比。

（3）如果通过的电量相同，在电极上所析出或溶解的不同物质（如 Ag、Cu）的化学当量数相同而与其物质种类无关。

以上分别以"物质量""化学当量"和"化学当量数"的形式进行表述。

大约 20 年前，大学教科书上几乎没有化学当量和化学当量数的描述。现在作为化合物的物质量已被广泛使用。如果限定为"物质量"的话，则法拉第第二定律的表述即与描述（1）成反比关系。具体举例来说是："96500C 的电量所产生的离子（ Ag^+、Cu^{2+}、Ga^{3+} ）的物质量与其离子价成反比。"但是，由于使用了化学当量和化学当量数概念，在电化学反应的计算中就十分方便，我们下面再进行详细解说。

7.3.9.2 法拉第第二定律——物质量和离子价成反比

在 7.3.8.1 节中描述的式（7-21）中，析出或溶解的物质量（ n：mol）与离子价（ z ）成反比，也就是说下式成立：

$$n = k \times \frac{1}{z}$$

当电量 $=96500C$ 时，元素的离子价与析出元素的物质量如表 7-28 和图 7-28 所示。

表 7-28　一定电量 96500C 的析出量

析出金属	Ag	Cu	Ga	Se
析出量/g	108	31.75	23.24	19.74
离子价	1	2	3	4
物质量 n/mol	1	1/2	1/3	1/4

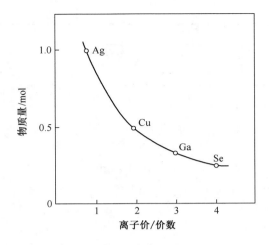

图 7-28　离子价与物质量的关系

7.3.9.3　析出量（质量）与化学当量和化学当量数的关系

假如将含有 Ag^+、Cu^{2+}、Au^{3+} 的各电解液串联并通过相同的 965C 电量（如图 7-29 （a）所示），各溶液的阴极上析出 Ag、Cu、Au 金属。各析出金属的重量（W）、化学当量（E）和化学当量数（N）如表 7-29 所示。E 与 W 的关系如图 7-29 （b）所示，W 与 N 的关系如图 7-30 所示。

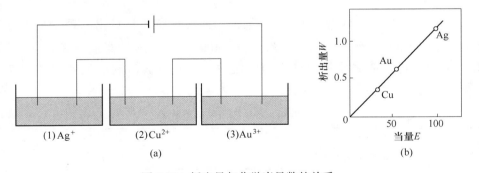

图 7-29　析出量与化学当量数的关系

（a）三种镀槽的串联连接；（b）表 7-29 的当量和析出量

表 7-29　电量 965C 时的析出量

项目	Ag	Cu	Au
析出量 W/g	1.079	0.3177	0.6567
原子量	107.9	63.55	197

续表7-29

项目	Ag	Cu	Au
离子价	1	2	3
当量 E	107.9	31.77	65.67
当量数 N	0.01	0.01	0.01

从图7-29（b）可知，E 与 W 成直线正比例关系。而图7-30则表示在一定电量条件下，所有物质的析出当量数均相同。

例题：图 7-29（a）中采用铂电极进行电解。当电解槽（2）中析出 6.35g 的金属 Cu 时，Ag 和 Au 的析出量分别为多少？

解答：

由于析出物的当量数均相等，因此 Ag 和 Au 的析出当量数应该与 Cu 的析出当量数（6.35÷31.77＝0.2）相等。

$$W(Ag) = 108 \times 0.2 = 21.6(g)$$
$$W(Au) = 65.67 \times 0.2 = 13.1(g)$$

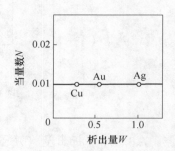

图 7-30　表 7-29 的析出量和当量数的关系

（电量一定时，复数物质析出的总当量数也相同）

7.3.10　电流效率与镀层厚度

7.3.10.1　多少电流在电镀时被利用？——电流效率

阴极上的析出金属量为 W_d，如果根据法拉第定律计算出的理论析出量为 W_t，则电镀的电流效率为：$D = (W_d/W_t) \times 100$。实际的析出量或溶解量与法拉第定律的理论计算值之比我们称之为电流效率。各种镀浴的电流效率如表 7-30 所示。

表 7-30　各种镀浴的电流效率

镀浴种类	电流效率/%
酸性镀铜浴	95~99
氰化铜镀浴	30~60
氰化银镀浴	约100
酸性镍镀浴	94~98
酸性锌镀浴	97~99
氰化锌镀浴	85~90
镀铬浴	12~20
镀铁浴	90~95

续表7-30

镀浴种类	电流效率/%
碱性锡镀浴	70~85
酸性锡镀浴	90~95
铅镀浴	90~100

注：硫酸镍镀浴：

$Ni^{2+} + 2e^- = Ni$（主反应）

$2H^+ + 2e^- = H_2$（副反应）

法拉第定律无例外，这两个生成物反应的总电流效率等于100%。

镍的电流效率（D_{Ni}）+氢的电流效率（D_H）= 总电流效率（100%）。

各电极所发生的电化学反应的电流效率之和等于100%。以阴极上金属析出和产生氢气的反应为例，这两者之和等于100%。

在硫酸镍镀浴中施镀，不仅析出金属镍，还产生氢气。当通电量10A，通电1h，假如阴极上析出金属镍10.40g（0.177mol、0.354g当量、34192C），1h10A的通电电量（36000C）的理论析出量为10.95g（0.187mol、0.373g当量、36000C），则镀Ni的电流效率为（重量比）= 10.40/10.95，（摩尔比）= 0.177/0.187，（当量比）= 0.354/0.373，（电量比）= 34192/36000 = 0.95（95%）。

7.3.10.2 镀层的析出速度与电流大小成正比

电镀析出量（W）可根据法拉第第二定律进行计算。

$$W = kIt \tag{7-23}$$

式中　k——施镀金属的电化学当量，mg/库仑；

　　　I——电镀电流，A；

　　　t——电镀时间，s。

以镀锌为例，锌的电化学当量为（$k = 0.3388$mg/库仑），因此单位时间（$t = 1$s或1h）的理论析出量如下：

$$W = 0.3388 \times I(\text{mg/s}) \text{ 或 } W = 1220 \times I(\text{mg/h})$$

假如电流为1A/dm^2，1h的镀锌的理论析出速度V_t（g/dm^{2}h）可由下式获得：

$$V_t = 1220 \times I\left(\frac{\text{mg}}{\text{dm}^2\text{h}}\right) = 1.22 \times I\left(\frac{\text{g}}{\text{dm}^2\text{h}}\right) \tag{7-24}$$

根据以上方法，可计算出各种金属的理论析出速度。

7.3.10.3 什么是施镀速度——镀层厚度和成长速度

镀层厚度的计算有多种方法，但基本上都是根据法拉第定律，将析出质量W（g）除以密度ρ（g/cm^3）得到体积，再除以表面积S（cm^2）获得厚度d（cm）。

$$d = W/S\rho \tag{7-25}$$

将上述式（7-21）代入式（7-23），得到：

$$d = kIt/S\rho \tag{7-26}$$

则镀层厚度的成长速度为：

$$V = \frac{d}{t} = kI/S\rho \tag{7-27}$$

另一种镀层厚度的计算方法是计算出单位电流密度（$1A/dm^2$）在单位时间（1h）的速度常数（x）进行计算。各金属的速度常数如表 7-31 所示。

表 7-31   速度常数

金属	离子价	电化学当量/g·Ah⁻¹	密度/g·cm⁻³	速度常数/μm·dm²·Ah⁻¹
Ag	1	4.026	10.51	38.34
Cu	2	1.185	8.96	13.22
Ni	2	1.095	8.91	12.31
Zn	2	1.22	7.31	17.11

镀层厚度（d）可根据电流密度（I）、时间（t）和速度常数（x）计算得知。

$$d = xIt$$

例题：求在电流密度为 $2A/dm^2$、3h 条件下，采用硫酸铜镀液镀铜的镀层厚度（电流效率假设为100%）。

解答：

根据表 7-31 有：

$$X_{Cu} = 13.22(\mu mdm^2/Ah)$$
$$D = xIt = 13.22 \times 2 \times 3 = 79.32(\mu m)$$

由于在实际科研和生产中，镀层的度量单位一般采用 μm，而施镀面积则一般都采用平方分米（dm^2）作为单位，因此在计算时需要注意单位的换算。

7.3.11   电流分布与层厚分布

7.3.11.1   镀层厚度为什么不均匀？——初次电流分析

镀层的表面状态及镀层厚度的均匀性，受到电流分布的极大影响。电流分布与电镀产品的性状、阳极的配置等有关的初次电流分布，与电解液和电解条件有关的二次电流分布以及与电镀产品微观表面状态等有关的三次电流分布有关。

（1）对于一个电镀产品，其本身的形状会带来施镀表面与阳极之间的位置关系变化，产生不同的电流分布。这对应于设置在一个挂钩夹具上的多个零件之间的不均匀电流分布，如图 7-31 和图 7-32 所示。

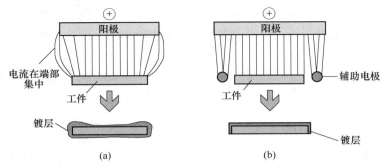

图 7-31 电镀时的电流分布（a）及辅助电极（b）的作用

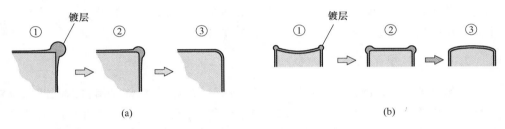

图 7-32 施镀工件形状的调整导致镀层均匀化
（a）尖角部位的修改；（b）面部位的修改

为了减小图 7-32（a）中工件端部的电流集中，可以采用图 7-32（b）所示的辅助电极或遮挡板。通过其大小、性状和位置的调整可以有效地改善镀层的均匀沉积性能。

从图 7-32 可以看出，端部、尖角部、凸凹部容易导致电流集中，产生图 7-32（a）和（b）中如①那样的镀层不均匀。如果将这些部位变得圆滑，则会产生如③所示的均匀镀层。

（2）在一个电镀槽中对多个工件施镀，每个工件由于位置不同而具有各自的电流分布。这对应于在一个挂钩夹具上的不均匀电流分布和在同一容器中的多个挂钩夹具之间的不均匀电流分布（如图 7-33 所示）。

从图 7-33 中可以看出，阳极过长会导致最下端的工件电流集中。

在上述第（1）项和第（2）项中，由于施镀工

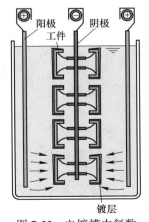

图 7-33 电镀槽中复数工件的施镀与电流分布

件性状、阴阳极面积比、工件与阳极间的位置关系、距离液面的深度、距离槽底的高度等所产生的电流分布我们称之为初次电流分布。实际上，电镀槽中的电流分布除了几何因素外，还与电极表面的极化、电镀槽内的电导度的不均匀性等均有关，影响因素非常复杂。

    由于电流分布直接导致镀层厚度的分布，必须重视电流分布的影响，最大限度地避免电流分布的不均匀。

7.3.11.2 　二次电流与均匀电沉积性

    镀浴的均匀电沉积性影响二次电流分布，因而对镀层厚度均匀性影响较大。镀浴的电沉积性受到其成分、性质、电解条件等因素影响。一般来说，工件凹部镀层较厚、凸部较薄。电导性高或极化较大的电解液会减少上述倾向，获得较为均匀的镀层。另外，碱性镀液比酸性镀液具有更为良好的电沉积均匀性。这是由于高电流部位会增加氢的产生，带来电流效率降低。

7.3.11.3 　填平显微凸凹的平滑剂——三次电流及分布

    均匀电沉积性指的是大面积镀层厚度分布的均匀性，而能平滑显微凸凹部位的性能则指的是平滑作用（leveling action）。添加平滑剂可导致在细小凸部被集中吸收，导致该部位的极化变大，抑制离子的析出。其结果就是优先在凹部析出，使得表面平滑（如图7-34所示）。

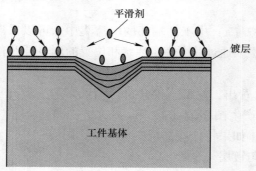

图 7-34 　镀层表面显微凹坑平滑化机理

7.4 　电气基础知识

7.4.1 　欧姆定律与焦耳定律

    （1）电气基本定律——欧姆定律：欧姆定律是电流（I）与电压（V）成正比，与电阻（R）成反比。即：

$$I = V/R$$

$$V = IR$$

$$R = \frac{V}{I}$$

式中，R 被称为阻碍电流的能力，单位为欧姆（Ω）。

欧姆定律是电气回路中的最重要的基本定律。

（2）电流流动的阻力——电阻率：电阻（R）的大小与导体的长度（L）成正比，与截面积（S）成反比。另外，也随温度（T）的变化而变化。可以由下式来表述：

$$R = \rho L/S$$

$$\rho = \rho_0(1 + \alpha T)$$

式中　ρ——电阻率又被称为比电阻，只与材料本身有关，$\Omega \cdot m$；

　　　ρ_0——0℃时的电阻率；

　　　α——电阻温度系数（如表 7-32 所示）。金属的 α 为随温度上升而增大的正值。

表 7-32　电阻率与温度系数（0℃）

项目	电阻率/ $\Omega \cdot m$	温度系数/℃$^{-1}$
铜	1.55×10^{-8}	4.4×10^{-3}
W	4.9×10^{-8}	4.9×10^{-3}
Fe	8.9×10^{-8}	6.9×10^{-3}
Ni	1.5×10^{-6}	1.7×10^{-4}
陶器	2×10^{13}	——
云母	1×10^{13}	——
聚苯乙烯	1×10^{17}	——

（3）能量、功、热量、电量的单位——焦耳定律。

焦耳定律为：导线中流过电流（I）所产生的热量（Q），与电流（I）的平方、电阻（R）和时间（t）成正比。

$$Q = I^2 Rt, \quad 单位为焦耳（J）$$

上式除以时间（t），即为单位时间所做的功，也就是功率（P）。

$$P = \frac{Q}{t} = I^2 R, \quad 单位为瓦特（W = J/s），Q 为电量$$

将欧姆公式进行简单变换，可得：

$$P = I^2 R = VI = \frac{V^2}{R}$$

$$Q = I^2 Rt = VIt = \frac{V^2 t}{R} = Pt$$

采用卡（cal）作为能量单位时，1cal＝4.18J，1J＝0.24cal。

7.4.2　电阻 R_1、R_2 串并联时的电阻

（1）串联（如图7-35（a）所示）：$R = R_1 + R_2$。

（2）并联（如图7-35（b）所示）：$\dfrac{1}{R} = \dfrac{1}{R_1} + \dfrac{1}{R_2}$。

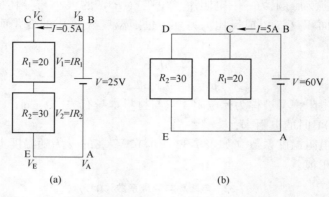

图7-35　串联与并联电路示意图
（a）串联电路；（b）并联电路

7.4.3　电镀用直流电源

电镀所采用的是直流电。典型的直流电代表是干电池和汽车上的蓄电池，锰干电池的输出电压为1.5V。

7.4.3.1　电镀用直流电源整流器的变迁

电镀用直流电以前主要采用的是电池。后来采用被称为贝托罗的电动回转式AC-DC转换器或汞整流器。随着半导体技术的进步，现在使用的主流为硅整流器和晶闸管整流器。

图7-36（a）为电流波形，图7-36（b）为整流电路。经过整流后的电流变成了单相半波或单相全波整流波形。如果整流电路中再设置电容和扼流圈，则会得到更为平滑的电流。

7.4.3.2　电镀使用的直流电源的种类

（1）无电压变动的平整直流：一般的电镀、电解抛光、电解脱脂等操作均采用这类电源。

（2）PR（periodic reverse）电源：在一定周期内短时间逆向的直流电源。

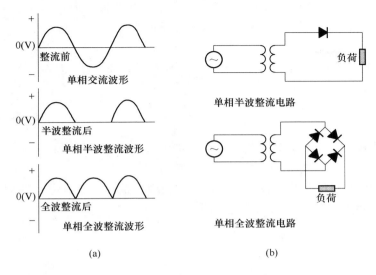

图 7-36 交流波形与整流电路

（a）电流波形；（b）整流电路

"PR 电镀法"是通过电流逆向变换，将厚镀层的金属再次溶解的方法。这种方法具有可将凸出部位的镀层减薄，凹部位相对增厚，增加镀层厚度均匀性的效果。

图 7-37（a）为镀铜中采用的 PR 电源。其将工件在一定时间内作为阴阳极变换。例如阴极 15~20s，再变为阳极 3~4s。

（3）脉冲电源：采用的是矩形波脉冲电流电源。脉冲电流密度 I_p、脉冲时间 T_p 和电流停止时间 T_0 可调整。平均电流密度 I_m 通过下式计算：

$$I_m = I_p \times \frac{T_p}{(T_p + T_0)}$$

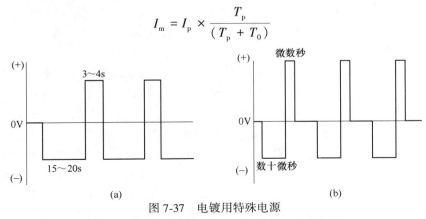

图 7-37 电镀用特殊电源

（a）PR 电镀的电流波形例；（b）脉冲电压与电流波形

采用脉冲电源，可使得印刷板基板上微细通孔的镀层厚度保持均匀。另外，该电源也在印刷电路板、半导体以及薄板设备的小孔填充电镀中使用，并获得良好效果。

图 7-37（b）为脉冲间隔数毫秒至数十毫秒的波形图。脉冲电源电镀法通常用于电子产品的精细电镀。

7.4.3.3　定电压和定电流电源

定电压电源是输出自动保持稳定电压的电源，输入电压可自由调整。定电流是输出自动保持稳定电流的电源，输出电流可预先设定。

自动 PR 电流控制装置在光亮镀铜时，利用其整流器直流电源的周期性正逆方向转换，可获得致密均匀的光亮镀层。

知识栏▶

化学元素中文名称来源的趣话

1869 年，中国近代化学家徐寿（1818~1884）得知了俄罗斯化学家门捷列夫的元素周期表，对此伟大发现大为钦佩。但如何将这个元素周期表引进中国呢？这上百个元素中文名称如何翻译让徐寿当时一筹莫展。

有一天，徐寿在大清图书馆查阅资料时，意外看到了一个家谱名录。该家谱名录中的许多名字都与金属矿石名称有关，其中一些名字甚至直接与元素周期表中的元素含义非常贴切。他立即借来这个家谱名录回家进行了仔细地分析研究。

徐寿直接使用了这个家族成员中的几十个名字，并对一些不太合适的文字进行了改造，还根据汉字组合规则（谐声命名、会意命名等）和元素属性重组了一些新字，同时又创造了一些新的象形文字，终于克服了元素汉译的困难。最终定下了如下汉字，如 Lithium = 锂，Sodium = 钠，Calcium = 钙，Magnesium = 镁，Nickel = 镍等。

这个家谱名录就是明朝皇帝的皇族家谱。众所周知，朱元璋原名朱八八，他父亲的名字叫朱五四，爷爷叫朱初一，都是用出生日期命名的。在元朝，只有最底层的百姓才这么取名。朱元璋（如图 7-38 所示）登基当皇帝后，他对这些名字深恶痛绝，生怕自己的后人再取这么粗陋的名字。于是朱元璋就派人给自己二十四个儿子、侄子写了二十四首五言绝句，要求自己的子孙后代按照绝句的顺序进行排列，在朱姓的后面，第一个字是自己的辈分排名，第二个字则是按照中国五行中的"木火土金水"的规则顺序当偏旁命名。他的儿子是木字旁。根据五行相生相克的规律，木生火，孙子就是火字旁。火生土，曾孙是土字旁。土生金，玄孙是金字旁。金生水，五世孙是水字旁。水生木，六世孙又回到了木字旁。以此类推。

图 7-38　明太祖朱元璋画像

随着后代的不断繁衍，五行诗中的文字远远不足。其后人就努力在古籍旧书中查找稀有的文字。例如，钠、钾、钙、镍等。有些后代还创造了许多新的字。例如，Mercury＝汞、Zinc＝锌、Polonium＝钋、Lanthanum＝镧等，以上文字在朱氏家谱中均有记载。

朱元璋的家谱不但在历史上留下了众多稀有的文字，也为清代学者徐寿的中国元素周期表汉译提供了非常有用的线索和启发。这点连朱元璋也会感到意外吧？

让我们一起鉴赏一下其中的部分名字吧。

永和王—朱慎镭；　封丘王—朱同铬；　鲁阳王—朱同铌；

瑞金王—朱在钠；　宣宁王—朱成钴；　怀仁王—朱成钯；

沅陵王—朱恩钸；　钾庆王—朱帅锌；　韩　王—朱徵钋；

稷山王—朱效钛；　新野王—朱弥镉；　楚　王—朱孟烷；

……

附　　录

附录 1　主要施镀金属的化学当量

主要施镀金属的化学当量见附表 1。

附表 1　主要施镀金属的化学当量

元素	原子量	原子价	电化学当量	
			mg/C	g/A
银	107.88	1	1.1180	4.0245
铜	63.55	2	0.3294	1.186
金	196.97	3	0.6812	2.452
		1	2.044	7.3567
镍	58.69	2	0.3041	1.095
铬	52.01	6	0.0898	0.3234
		3	0.1797	0.6468
锡	118.70	4	0.3075	1.1071
		2	0.6150	2.2141
镉	112.41	2	0.5825	2.0970
钴	58.94	2	0.3054	1.099

附录 2　各种金属的理论析出量

各种金属的理论析出量见附表 2。

附表 2　各种金属的理论析出量

元素	原子量	原子价	1 安培时[①]的析出量	比重	1dm²×μm 的重量	镀覆 1dm²×1μm 时所需的安培数[②]
锌	65.38	2	1.2195	7.1	71.0	0.058
铝	26.07	3	0.3354	2.7	27.0	0.081
锑	121.76	5	0.9085	6.68	66.8	0.074
		3	1.5141			0.044
铱	193.1	4	1.8001	22.42	224.2	0.125
		3	2.4012			0.094
铟	114.3	3	1.4271	7.31	73.1	0.051
镉	112.4	2	2.097	8.64	78.4	0.041
镓	69.72	3	0.8670	5.9	59.0	0.068
金	197.0	3	2.4522	19.3	193.0	0.079
		2	3.6783			0.026
		1	7.3567			0.026
银	107.88	1	4.0245	10.5	105.0	0.026
铬	52.01	6	0.323	7.1	71.0	0.22
		3	0.646			0.110
锗	72.60	4	0.6771	5.35	53.5	0.079
		2	1.3542			0.039
钴	58.94	2	1.099	8.9	89.0	0.081
锡	118.7	4	1.1070	7.3	73.0	0.066
		2	2.2141			0.033
硒	78.9	4	0.7364	4.81	48.1	0.065
铊	204.39	1	7.6249	11.85	118.5	0.016
铁	55.84	2	1.042	7.9	79.0	0.067
碲	127.61	4	1.1901	6.25	62.5	0.053
		2	2.3803			0.026
铜	63.55	2	1.186	8.92	89.2	0.075
		1	2.372			0.037

附　录

元素	原子量	原子价	1 安培时[1]的析出量	比重	1dm²×μm 的重量	镀覆 1dm²×1μm 时所需的安培数[2]
铅	204.2	2	3.865	11.3	113.0	0.029
镍	58.69	2	1.095	8.9	89.0	0.081
铂	195.23	4	1.8208	21.4	214.0	0.117
		2	3.6416			0.059
钯	106.7	4	0.9951	12.0	120.0	0.121
		3	1.3268			0.091
		2	1.9903			0.060
砷	74.91	5	0.5598	5.73	57.3	0.102
		3	0.9315			0.061
铋	209.0	5	1.5594	9.8	98.0	0.063
		3	2.5990			0.038
锰	54.93	2	1.0246	7.2	72.0	0.070
铼	186.31	7	0.9929	20.53	205.3	0.207

①1 安培时：表示 1 安培 1 小时的电量（3600 库仑）。

②镀覆 1dm²×1μm 时所需的安培数：1 小时在 1dm² 上镀覆 1μm 镀层所需要的电流密度（A/dm²）。

附录 3　主要金属的标准电极电位（E^0）

主要金属的标准电极电位见附表 3。

附表 3　主要金属的标准电极电位（E^0）　　　（25℃，V）

电极	E^0	电极	E^0
Li/Li$^+$	-3.01	In/In^{3+}	-0.34
Rb/Rb$^+$	-2.98	Tl/Tl$^+$	-0.335
Cs/Cs$^+$	-2.92	Co/Co^{2+}	-0.27
K/K$^+$	-2.92	Ni/Ni^{2+}	-0.23
Ba/Ba^{2+}	-2.92	Mo/Mo^{3+}	-0.2
Sr/Sr^{2+}	-2.89	Sn/Sn^{2+}	-0.140
Ca/Ca^{2+}	-2.84	Pb/Pb^{2+}	-0.126
Na/Na$^+$	-2.71	$\frac{1}{2}$H$_2$/H$^+$	± 0
Mg/Mg^{2+}	-2.38	Bi/BiO$^+$	$+0.32$
Th/Th^{4+}	-2.1	Cu/Cu^{2+}	$+0.34$
Ti/Ti^{2+}	-1.75	Cu/Cu$^+$	$+0.52$
Be/Be^{2+}	-1.70	Rh/Rh^{2+}	$+0.60$
Al/Al^{3+}	-1.66	Hg/Hg$^+$	$+0.798$
V/V^{2+}	-1.5	Ag/Ag$^+$	$+0.799$
Mn/Mn^{2+}	-1.05	Pd/Pd^{2+}	$+0.83$
Zn/Zn^{2+}	-0.763	Ir/Ir^{3+}	$+1.0$
Cr/Cr^{3+}	-0.71	Pt/Pt^{2+}	$+1.2$
Fe/Fe^{2+}	-0.44	Au/Au^{3+}	$+1.42$
Cd/Cd^{2+}	-0.402	Au/Au$^+$	$+1.7$

附录4　常用电镀化合物的分子式及金属含量

常用电镀化合物的分子式及金属含量见附表4。

附表4　常用电镀化合物的分子式及金属含量

化合物名称	分子式	相对分子质量	金属含量/%
氰化金	$AuCN$	232.66	84.8
三氯化金（无水）	$AuCl_3$	303.57	65.0
三氯化金	$AuCl_3 \cdot H_2O$	321.59	61.3
氰化金钾（无水）	$KAu(CN)_2$	288.33	68.3
氰化金钾	$KAu(CN)_2 \cdot 2H_2O$	324.36	60.7
氰化金钠	$NaAu(CN)_2$	272.21	72.5
金氯酸	$HAuCl_4 \cdot 4H_2O$	412.10	47.9
氰化银	$AgCN$	133.9	80.5
硝酸银	$AgNO_3$	169.89	63.65
氯化银	$AgCl$	143.34	75.3
氰化银钾	$KAg(CN)_2$	199.01	54.0
三氯化铝（无水）	$AlCl_3$	133.34	20.2
三氯化铝	$AlCl_3 \cdot H_2O$	241.43	11.1
氧化铝	Al_2O_3	101.94	52.9
硫酸铝钾（无水）	$AlK(SO_4)_2$	258.19	10.4
硫酸铝钾	$AlK(SO_4)_2 \cdot 12H_2O$	474.38	5.7
二十四硫酸铝钾	$AlK(SO_4)_2 \cdot 24H_2O$	690.57	3.9
硫酸铝（无水）	$Al_2(SO_4)_3$	342.12	15.8
硫酸铝	$Al_2(SO_4)_3 \cdot 18H_2O$	666.41	8.1
硫酸铝铵	$(NH_4)Al_2(SO_4)_2 \cdot 24H_2O$	906.64	5.9
碳酸钡	$BaCO_3$	197.37	69.6
氯化钡	$BaCl_2 \cdot H_2O$	244.31	56.2
氢氧化钡	$Ba(OH)_2 \cdot 8H_2O$	315.50	43.7
氰化钡	$Ba(CN)_2 \cdot 2H_2O$	225.42	60.9
硝酸钡	$Ba(NO_3)_2$	261.38	52.6
硫酸钡	$BaSO_4$	233.42	58.9
硫化钡	BaS	169.42	81.2

化合物名称	分子式	相对分子质量	金属含量/%
三氯化铋	$BiCl_3$	315.37	66.3
三氧化二铋	Bi_2O_3	466.00	89.7
氰化镉	$Cd(CN)_2$	164.43	68.4
氟硼酸镉	$Cd(BF_4)_2$	296.05	37.9
硝酸镉	$Cd(NO_3)_2 \cdot 4H_2O$	308.49	36.4
氧化镉	CdO	128.41	87.5
硫酸镉	$CdSO_4$	208.47	54.0
硫酸钴铵	$Co(NH_4)_2(SO_4)_2 \cdot 6H_2O$	395.24	14.9
碳酸钴	$CoCO_3$	118.95	49.5
氯化钴	$CoCl_2 \cdot 6H_2O$	237.95	24.8
硫酸钴	$CoSO_4 \cdot 7H_2O$	281.11	21.0
醋酸铜	$Cu(CH_3COO)_2 \cdot H_2O$	199.67	31.8
碱式碳酸铜	$CuCO_3Cu(OH)_2$	221.17	67.4
氯化铜	$CuCl_2$	134.48	47.3
氟硼酸铜	$Cu(BF_4)_2$	237.21	26.8
硝酸铜	$Cu(NO_3)_2 \cdot 3H_2O$	241.63	26.3
氧化铜	CuO	79.57	79.0
焦磷酸铜	$Cu_2P_2O_7 \cdot 3H_2O$	349.00	35.8
硫酸铜	$CuSO_4 \cdot 5H_2O$	249.71	25.4
氯化亚铜	$CuCl$	99.03	64.2
氰化亚铜	$CuCN$	89.59	70.9
氰化铜钾	$K_2Cu(CN)_3$	219.78	29.0
三氯化铁	$FeCl_3 \cdot 6H_2O$	270.32	20.7
三氯化铁(无水)	$FeCl_3$	162.22	34.4
氯化亚铁	$FeCl_2$	144.78	38.6
三氟化铁	FeF_3	112.85	49.6
氟硼酸铁	$Fe(BF_4)_3$	316.31	17.6
硝酸铁	$Fe(NO_3)_3 \cdot 9H_2O$	404.02	13.8
氧化铁	Fe_2O_3	157.70	69.9
四水氯化亚铁	$FeCl_2 \cdot 4H_2O$	198.83	28.1

化合物名称	分子式	相对分子质量	金属含量/%
二水氯化亚铁	$FeCl_2 \cdot 2H_2O$	144.78	38.6
铁氰化钾	$K_3Fe(CN)_6$	329.25	16.9
硫酸铁铵	$FeSO_2(NH_4)SO_4 \cdot 6H_2O$	329.16	14.2
氟硼酸亚铁	$Fe(BF_3)_2$	230.00	24.2
亚铁氰化钾	$K_4Fe(CN)_6$	422.39	13.4
硫酸亚铁	$FeSO_4 \cdot 7H_2O$	278.03	20.1
氢氧化镓	$Ga(OH)_3$	120.75	57.7
氯化汞	$HgCl_2$	271.52	74.0
氰化汞	$Hg(CN)_2$	252.65	79.4
氰化汞钾	$KHg(CN)_3$	317.73	63.2
硝酸汞	$Hg(NO_3)_2 \cdot H_2O$	342.65	58.6
氧化汞	HgO	216.61	92.7
硫酸汞	$HgSO_4$	296.67	67.7
氯化亚汞	$HgCl$	236.07	84.8
硝酸亚汞	$Hg(NO_3)_2 \cdot H_2O$	342.65	58.6
三氯化铟	$InCl_3$	221.13	51.9
氟硼酸铟	$In(BF_4)_3$	375.22	30.6
氢氧化铟	$In(OH)_3$	165.78	69.5
硫酸铟	$In_2(SO_4)_3$	517.70	66.5
氨基磺酸铟	$In(SO_3NH_2)_2$	403.30	28.5
四氯化铱	$IrCl_4$	334.93	57.6
三氯化铱	$IrCl_3$	299.47	64.5
碳酸镁	$MgCO_3$	84.33	28.8
氯化镁	$MgCl_2$	95.23	25.5
氟化镁	MgF_2	62.32	39.0
氢氧化镁	$Mg(OH)_2$	58.34	41.7
高锰酸钾	$KMnO_4$	158.03	34.7
二氧化锰	MnO_2	86.93	68.2
二氯化锰	$MnCl_2 \cdot 4H_2O$	197.91	27.2
硫酸锰	$MnSO_4 \cdot H_2O$	169.01	32.5

化合物名称	分子式	相对分子质量	金属含量/%
醋酸镍	$Ni(CH_3COO)_2 \cdot 4H_2O$	248.84	23.6
硫酸镍铵	$NiSO_4(NH_4)_2SO_4 \cdot 6H_2O$	394.99	14.9
碱式碳酸镍	$2NiCO_3 \cdot 3Ni(OH)_2 \cdot 4H_2O$	587.58	50.0
氯化镍	$NiCl_2 \cdot 6H_2O$	237.70	24.7
氰化镍	$Ni(CN)_2 \cdot 4H_2O$	182.79	32.1
氰化镍钾	$KNi(CN)_4 \cdot H_2O$	288.97	22.7
氟硼酸镍	$Ni(BF_4)_2$	232.33	25.2
甲酸镍	$Ni(HCOO)_2 \cdot 2H_2O$	184.76	31.8
氢氧化镍	$Ni(OH)_2$	92.71	63.3
氧化镍	NiO	78.6	74.69
氨基磺酸镍	$Ni(SO_3NH_2)_2$	250.85	23.4
硫酸镍	$NiSO_4 \cdot 7H_2O$	280.87	20.9
氯化钠钯	$PdCl_2 \cdot 2NaCl \cdot H_2O$	348.57	30.6
氯化钯	$PdCl_2 \cdot 2H_2O$	213.65	49.9
氰化钯	$Pd(CN)_2$	158.72	67.1
硝酸钾钯	$K_2Pd(NO_3)_4$	368.92	28.9
氯化铂	$PtCl_4 \cdot 2HCl \cdot 6H_2O$	518.08	37.7
铼酸	$HReO_4$	251.32	74.7
铼酸钾	$KReO_4$	289.41	64.4
氢氧化铑	$Rh(OH)_3$	153.94	66.8
磷酸铑	$RhPO_4$	197.89	52.0
硫酸铑	$Rh_2(SO_4)_3$	494.01	20.8
三氯化锑	$SbCl_3$	228.13	53.4
三氟化锑	SbF_3	178.76	68.1
三氧化二锑	Sb_2O_3	291.52	83.5
三硫化二锑	Sb_2S_3	339.70	71.7
五硫化二锑	Sb_2S_5	403.82	60.3
二氧化硒	SeO_2	110.96	71.2
二氯化锡	$SnCl_2 \cdot 2H_2O$	225.65	52.7

化合物名称	分子式	相对分子质量	金属含量/%
氟硼酸锡	$Sn(BF_4)_2$	292.34	40.6
硫酸亚锡	$SnSO_4$	214.76	55.3
氧化亚锡	SnO	134.70	88.1
三氧化钨	WO_3	231.92	79.3
氯化锌铵	$ZnCl_2 \cdot 2NH_4Cl$	243.29	26.9
氯化锌	$ZnCl_2$	136.29	47.9
氰化锌	$Zn(CN)_2$	117.39	55.7
氟硼酸锌	$Zn(BF_4)_2$	239.02	27.4
氧化锌	ZnO	81.38	80.4
硫酸锌	$ZnSO_4 \cdot 7H_2O$	287.56	22.8

参 考 文 献

［1］星野重夫，斎藤囲，等. めっき技術の基礎［M］. 日本：ナツメ社，2019.

［2］刘仁志. 轻松掌握电镀技术［M］. 北京：金盾出版社，2014.

［3］梁志杰. 现代表面镀覆技术［M］. 2 版. 北京：国防工业出版社，2010.

［4］徐滨士，朱绍华. 表面工程的理论与技术［M］. 北京：国防工业出版社，1999.